Prognose des emittierten Luftschalls von Motoren mit Hilfe zweier Methoden zur Schallquellenidentifikation

Vom Fachbereich Maschinenbau

an der Technischen Universität Darmstadt

zur Erlangung des Grades eines

Doktor-Ingenieurs (Dr.-Ing.)

genehmigte

D i s s e r t a t i o n

vorgelegt von

Dipl.-Ing. Ted Steffen Vogt

aus Stuttgart

Berichterstatter: Prof. Dr.-Ing. R. Nordmann

Mitberichterstatter: Prof. Dr.-Ing. H. Hanselka

Tag der Einreichung: 07.09.2005

Tag der mündlichen Prüfung: 16.11.2005

Stuttgart 2005

D 17

Forschungsberichte Mechatronik & Maschinenakustik

Ted-Steffen Vogt

Prognose des emittierten Luftschalls von Motoren mit Hilfe zweier Methoden zur Schallquellenidentifikation

D 17 (Diss. TU Darmstadt)

Shaker Verlag
Aachen 2006

Bibliografische Information der Deutschen Bibliothek
Die Deutsche Bibliothek verzeichnet diese Publikation in der Deutschen Nationalbibliografie; detaillierte bibliografische Daten sind im Internet über http://dnb.ddb.de abrufbar.

Zugl.: Darmstadt, Techn. Univ., Diss., 2005

Printed in Germany.

ISBN 3-8322-4744-0
ISSN 1616-5470

Shaker Verlag GmbH • Postfach 101818 • 52018 Aachen
Telefon: 02407 / 95 96 - 0 • Telefax: 02407 / 95 96 - 9
Internet: www.shaker.de • eMail: info@shaker.de

Vorwort

Die vorliegende Arbeit entstand während meiner Tätigkeit als Doktorand und wissenschaftlicher Mitarbeiter in der Forschung der DaimlerChrysler AG unter der Leitung von Herrn Dr. rer. nat. R. Helber, in der Abteilung Fahrzeugakustik (RBP/CA). Ich möchte ihm besonders herzlich dafür danken, dass er mir die Durchführung dieser Arbeit im industriellen Umfeld ermöglichte und diese stets persönlich mit großem Engagement unterstützte.

Herrn Prof. Dr.-Ing. R. Nordmann, dem Leiter des Fachgebietes Mechatronik und Maschinenakustik an der Technischen Universität Darmstadt, gilt mein besonderer Dank für die wissenschaftliche Betreuung der Arbeit und seine Unterstützung. Außerdem danke ich Herrn Prof. Dr.-Ing. H. Hanselka für die bereitwillige Übernahme des Korreferats.

Mein Dank gilt ebenso meinen Kollegen der Abteilung Fahrzeugakustik, die mich bei der Durchführung der Untersuchungen unterstützt und somit durch zahlreiche fachliche und persönliche Diskussionen erheblich zum Gelingen der Arbeit beigetragen haben. Mein besonderer Dank gilt hierbei meiner Kollegin Christina Schöll und meinem Kollegen Dr. Christian Glandier.

Mein Dank gilt auch Dr. Marcus Hofmann, Christina und Ernst Prescha sowie Harald Müller für die sorgfältige und kritische Durchsicht des Manuskriptes, mit der sie einen wesentlichen Beitrag geleistet haben.

Nicht zuletzt bedanke ich mich bei meiner Frau Olga und meinen Eltern, die mit ihrem Zuspruch und ihrer Unterstützung viel zum Gelingen der Arbeit beigetragen haben.

Stuttgart, im Dezember 2005

Inhaltsverzeichnis

Formelzeichen und Abkürzungen

Lateinische Formelzeichen

A	Fläche
c	Luftschallgeschwindigkeit
f	Frequenz
$G_{xx}(f), G_{yy}(f)$	einseitiges Autoleistungsspektrum
$G_{xy}(f)$	Kreuzleistungsspektrum
GF	Luftschall-Übertragungsfunktion
H	Übertragungsfunktion
I	Schallintensität
k	Kreiswellenzahl
p	Schalldruck
P	Schallleistung
Q	Schallfluss
$S_{xx}(f)$, $S_{yy}(f)$	Autoleistungsspektrum von Eingangs- bzw. Ausgangssignal
t	Zeit
u	Schnelle
$\Im$	Fouriertransformation
$\Im^{-1}$	inverse Fouriertransformation
λ	Wellenlänge
$\gamma^2(f)$	Kohärenz
ρ	Dichte
ω	Kreisfrequenz ($\omega = 2\pi f$)

Nicht aufgeführte Formelzeichen treten im Text nur einmal auf und sind an der entsprechenden Stelle definiert.

Indizes

A,B	Ortsbezeichnungen
äq	äquivalent
i, j, m, M	Zählvariable
n	Normalenrichtung
mot	Motor

Abkürzungen

BEM	Boundary-Element-Methode
FEM	Finite-Element-Methode
I-BEM	Inverse-Boundary-Element-Methode
MO	Motorordnung
NAH	akustische Holographie im Nahfeld
NS-STSF	nicht stationäre räumliche Schallfeldtransformation
PCA	Principal Component Analyse
Pkw	Personenkraftwagen
STSF	räumliche Schallfeldtransformation

Referenzwert des

Schalldruckpegels $2 \cdot 10^{-5}$ Pa

1 Einleitung

Als Reaktion auf immer schnelllebigere Märkte werden die Entwicklungszeiten für neue Fahrzeuge in der Automobilindustrie immer kürzer [MEI01]. Gleichzeitig soll das Qualitätsniveau der Produkte gesteigert werden. Ein Problem ist dabei die Akustik- und Schwingungsauslegung eines Fahrzeuges. Diese erfolgt erst in einer späten Projektphase, weil man heute noch auf beurteilungsfähige Prototypen angewiesen ist. Von Seiten der Fahrzeughersteller besteht daher ein gesteigertes Interesse, zu einem möglichst frühen Zeitpunkt aussagekräftige Informationen über die akustischen Eigenschaften einer Motor-Fahrzeug Kombination zu erhalten. Dies würde helfen, bereits in der Entwurfsphase die Innen- und Außengeräusche zu berechnen.

Die Genauigkeit von Prognosen auf Basis rein numerischer Modelle sind bisher noch gering (Frequenzgrenzen, Pegelgenauigkeit). Als Alternative bieten sich hybride Verfahren an, bei denen numerische Modelle mit, durch Messungen ermittelte Betriebsgrößen oder Struktureigenschaften, kombiniert werden. Die Kombination der hybriden Verfahren mit den ebenfalls gemessenen Übertragungsfunktionen für Transferpfad-Modelle ermöglicht es, ein Geräuschereignis z.B. im Fahrzeuginnenraum (Empfänger) auf einen entsprechenden Ort der Geräuschentstehung (Quelle) und den zugehörigen Übertragungsweg zum Empfänger zurückzuführen. Die Beschreibung der Quellen und Übertragungsstrecken lässt sich experimentell, numerisch oder hybrid durchführen. Eine entsprechende Analyse der an einem Geräuschereignis bei dem Empfänger verantwortlichen Quellen und Übertragungswege ist damit möglich.

In dieser Arbeit werden zwei Methoden zur Beschreibung von ausgedehnten Motoren vorgestellt, mit deren Hilfe eine Geräuschprognose durchgeführt werden kann.

Die Methode zur Modellierung der Schallquelle und Durchführung einer Prognose basiert auf Messungen der Schalldruckverteilung um eine Quelle mit einem Mikrofongitter und der Anwendung der Inversen-Boundary-Element-Methode, mit der die Schnelle auf der Motoroberfläche sowie das den Motor umgebende Schallfeld berechnet werden kann. Notwendig hierbei ist ein numerisches Modell des Motors. Dieser Teil der Arbeit ist im Rahmen des EU-Projektes „Optimal Acoustic Equivalent Source Descriptors for Automotive Noise Modelling“, kurz ACES, durchgeführt worden. Partner in diesem Projekt waren Bruel&Kjaer, STRACO, Continental, PSA und die Universität Ancona.

Die zweite vorgestellte Methode betreibt die Vorhersage der Geräuschanteile eines Motors im Innengeräusch eines Fahrzeugs auf der Grundlage einfacher Schalldruckmessungen, mit Standardmikrofonen auf einem Aggregateprüfstand. Auf Basis dieser Schalldruckmessungen lassen sich über ein Abschätzverfahren die Schallflüsse von Motorteilflächen ermitteln. Durch die Verknüpfung der Schallflüsse mit am Fahrzeug gemessenen Luftschall-Übertragungsfunktionen können Geräuschprognosen von Motoren in Fahrzeugen durchgeführt werden.

In dem folgenden Kapitel erfolgt die Darstellung der im Rahmen der Arbeit benötigten, Grundlagen der Signalverarbeitung, sowie die Vorstellung des aktuellen Stands der Technik im Bereich der Quellenlokalisierung. Das dritte Kapitel stellt die Ergebnisse der, im Rahmen des EU-Projektes ACES, entwickelten Methode zur Quellenlokalisierung mittels der Inversen-Boundary-Element-Methode und die Resultate der Geräuschprognose vor. In Kapitel vier wird eine zweite, ausschließlich auf Messungen basierende Methode, zur Vorhersage der Geräuschanteile eines Motors erläutert. Die Erstellung der Quellenbeschreibung eines Motors aus den Schalldruckmessungen im Nahfeld, wird im fünften Kapitel beschrieben. Die Bestimmung der Luftschall-Übertragungsfunktionen für die Durchführung einer Prognose sowie die Ergebnisse der Prognose werden in Kapitel sechs dargestellt. Eine Zusammenfassung beschließt die Arbeit.

2 Stand der Technik

In diesem Kapitel werden die direkten und modellbasierten Verfahren zur Schallquellenlokalisierung vorgestellt. Die Grundlagen der Signalanalyse werden in Kapiteln 2.2 gezeigt. Eine Vorstellung der Transferpfad-Methode und die Bestimmung des Schallflusses mit Hilfe von kalibrierten Schallquellen in Abschnitt 2.3 und 2.4 beschließt dieses Kapitel.

2.1 Verfahren zum Lokalisieren von Schallquellen

Der Begriff der Lokalisierung ist im Bezug auf Akustik in der Umgangssprache kaum gebräuchlich. Methoden, die die Feststellung einer Richtung zum Ziel haben, betreiben Ortung. Generell beschreibt der Begriff Ortung die optische, elektronische oder akustische Bestimmung des Standorts von Zielen. Ortung betreiben Fledermäuse, indem sie Ultraschalllaute ausstoßen und die dabei entstehenden Reflektionen zur Erkennung von Hindernissen auswerten. Das Erkennen von Entfernung und Richtung einer akustischen Quelle bezeichnet man als Lokalisation.

Das Geräusch eines Motors setzt sich normalerweise aus den Geräuschen mehrerer unterschiedlicher Schallquellen zusammen. Um eine wirksame Maßnahme zur Geräuschreduktion durchführen zu können ist es notwendig, die unterschiedlichen Mechanismen der Geräuschentstehung und Abstrahlung zu kennen und den Beitrag jeder einzelnen Quelle für das Gesamtgeräusch zu ermitteln. Eine wirksame Reduzierung des Gesamtgeräusches erhält man nur, wenn man die Schallabstrahlung der lautesten Quellen reduzieren kann. Eine Schallquelle wird durch Position, Frequenzinhalt und Stärke beschrieben. Die Aufgabe einer Methode zum Lokalisieren von Schallquellen ist es, die eine Quelle beschreibenden Größen zu ermitteln.

Die Motorstruktur wird durch eine Vielzahl dynamischer Kräfte angeregt, die zu einer Körperschallanregung der Struktur führen. Die Körperschallanregung wird zur Oberfläche der Struktur geleitet und dort als Luftschall abgestrahlt. Werden Bauteile, die nicht im direkten Kraftfluss liegen, an kraftführende Bauteile angekoppelt, entstehen schnellerregte Schwingungen. Typische Bauteile an denen so etwas auftritt, sind Ölwanne, Steuergehäusedeckel, Ventilhauben usw. [ENG82]

Die Geräusche, die von der Motoroberfläche abgestrahlt werden, lassen sich in Abhängigkeit von dem zugrunde liegenden Anregungsmechanismus einteilen [FLO88].

- mechanische Geräusche als Folge von Spieldurchläufen unter Massenkrafteinfluss

- direktes Verbrennungsgeräusch als Folge der Körperschallanregung im Brennraum
- indirektes Verbrennungsgeräusch durch Durchlaufen von Spielen im Kurbel- und Rädertrieb unter Gaskrafteinfluss

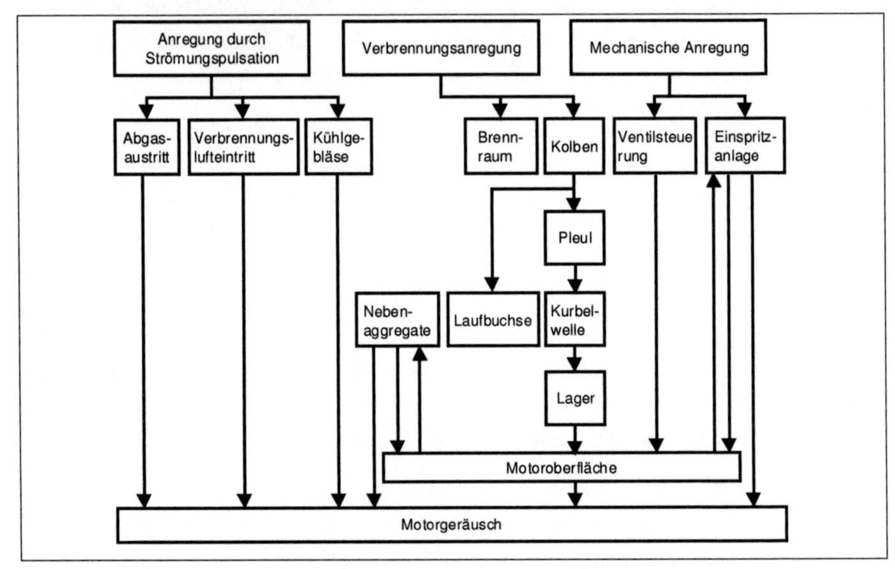

Abb. 2.1: Möglichkeiten der Entstehung von Motorgeräuschen [ENG82]

Quellen, die im Rahmen dieser Arbeit lokalisiert und beschrieben werden, sind Luftschallquellen. Es wird nicht zwischen direktem Luftschall, wie er bei dem Eintritt der Verbrennungsluft an der Ansaugöffnung eines Motors auftritt und abgestrahltem Körperschall unterschieden. Viele Geräusche eines Verbrennungsmotors treten in periodischer Abhängigkeit von der Kurbelwellenumdrehung auf. Dazu gehören unter anderem das Ansauggeräusch, das Verbrennungsgeräusch, der durch die auftretenden Massenkräfte in die Struktur eingeleitete und als Körperschall abgestrahlter Luftschall. Sie sind alle über die Kinematik des Kurbeltriebs an die Kurbelwellenumdrehung gekoppelt. Ihre Periodizität wird über die Motorordnungen beschrieben. Effekte, die einmal pro Kurbelwellenumdrehung auftreten, werden als mit der ersten Motorordnung (MO) auftretend bezeichnet. Einige Geräuschanteile von Bauteilen am Motor sind unabhängig von der Kurbelwellenkinematik, wie z.B. das Geräusch des Turboladers.

Es gibt eine Reihe von Verfahren, mit denen man in der Lage ist, Quellen zu lokalisieren. Dazu gehören z.B. die Signaturanalyse, die Kohärenzverfahren und das

Ray-Tracing [BEN80, OTTO97, OSTHOLD89]. Für die Anwendung an Verbrennungsmotoren sind diese Methoden nur sehr eingeschränkt nutzbar [SAS87].

Für das Finden und Beurteilen der Schallquellen an einer ausgedehnten Struktur, wie sie ein Motor darstellt, wurden bereits verschiedene Verfahren entwickelt, die sich unterschiedlich gut für den Einsatz an Motoren eignen. In der Literatur finden sich Aufzählungen von gebräuchlichen Verfahren zur Quellenortung [SCH96, HEL91, QUI02, BAT03]. Umfassende Beschreibungen der Verfahren zur Ortung von Schallquellen geben Heling, Oldendorf, Baumhauer und Sas [HEL91, OHL98, BAU97, SAS87].

Die Methoden zur Lokalisierung von Schallquellen lassen sich in zwei Gruppen aufteilen. Die erste Gruppe beinhaltet Verfahren, die auf der direkten Messung und teilweise auch auf der Kartierung der das Schallfeld beschreibenden Größen beruhen [QUI02]. Zur zweiten Gruppe gehören die Verfahren, die auf einer modellhaften Beschreibung des Schallfeldes basieren, das mit Hilfe eines Mikrofongitters in der unmittelbaren Nähe der untersuchten Quelle erfasst wird. Bei diesen Verfahren ist es möglich, die Stärke der das Schallfeld beschreibenden Größen in wählbaren Abbildungs- und Mess-Ebenen zu berechnen und darzustellen.

direkte Verfahren	modellbasierte Verfahren
Schalldruckmessung	räumliche Schallfeldtransformation (STSF)
Intensitätsmessung	Non-stationary STSF
Schallleistungsmessung	Inverse Boundary Element Methoden (I-BEM)
Beamforming	

Tabelle 2.1. Direkte und modellbasierte Methoden zur Quellelokalisierung

2.1.1 Direkte Verfahren zur Schallquellenlokalisierung

2.1.1.1 Schalldruckmessung

Die einfachste Methode eine Schallquelle zu finden besteht darin, auf einer gedachten Hüllfläche um ein abstrahlendes Objekt an verschiedenen Punkten den Schalldruck zu messen. An jedem Messpunkt wird das Schmalband- oder Oktavspektrum des Schallpegels bestimmt. Durch die dabei entstehende Karte der Schalldruckverteilung ergibt sich ein sehr grobes Bild der Charakteristik und der örtlichen Verteilung der einzelnen Teilquellen [MOR86]. Rückschlüsse aus der gemessenen Schalldruckverteilung auf das tatsächliche Verhalten einer abstrahlenden Oberfläche sind nur bedingt zulässig, da der Schalldruck nur als skalare Größe vorliegt [BAU97]. Es ist zu beachten, dass bei einer Messung im Nahfeld auch Anteile berücksichtigt werden, die nicht zur abgestrahlten Schallleistung beitragen.

Der gemessene Schalldruck ist die Summe des abgestrahlten Schalls von dem untersuchten Objekt und weiterer akustischer Beiträge durch z.B. Reflektionen und Hintergrundgeräusche.

Vorteile:

+ günstige Messmittel

+ einfach durchzuführende Messungen

Nachteile:

- zeitaufwendig
- keine Aussagen über Abstrahlrichtung oder Schallfluss
- die Messung sollte nicht im Nahfeld durchgeführt werden

2.1.1.2 Schallintensitätsmessung

Eine häufig verwendete Methode zur Quellenortung an ausgedehnten Strukturen, ist die Intensitätsmessung. Die Intensität beschreibt den Energiefluss in einem Schallfeld. Sie wird aus den Größen Schalldruck und Schallschnelle ermittelt. Ein Beispiel für eine Intensitätskartierung an einem Motor ist in Abb. 2.3 abgebildet. Aus Druck und Schnelle für die Intensität an einer beliebigen Stelle x im Feld [SCH96] ergibt sie sich zu

$$I = \overline{p(t) \cdot \vec{v}(t)} \quad 2.1$$

oder aus den komplexe Größen von Schalldruck und Schnelle zu

$$I(x) = \tfrac{1}{2}\mathrm{Re}\left(p \cdot \vec{v}^*\right), \quad 2.2$$

wobei $\vec{v}^*$ das konjugiert komplexe von $\vec{v}$ ist.

Die Messung der Schallintensität wird mit einer Sonde durchgeführt, die aus mindestens einem Mikrofon-Paar in axialer oder achsparalleler Anordnung gebildet wird, siehe Abb. 2.2. Aufgrund der benötigten phasengenauen Wandlung der Feldgrößen Schalldruck und Schallschnelle erweist es sich als hilfreich, anstelle der Schallschnelle den Druckgradienten der Schallschnelle in Normalenrichtung zu ermitteln. Mit der Eulerschen Gleichung

$$-\frac{dp}{dr} = \rho \frac{dv_n}{dt} \quad 2.3$$

erhält man für die Schallschnelle

$$v_n = -\frac{1}{\rho}\int \frac{dp}{dr} dt. \qquad 2.4$$

In der praktischen Anwendung wird der Druckgradient durch die Messung des Schalldruckes $p_A(t)$ und $p_B(t)$ an eng benachbarten Messorten A und B, deren Abstand $\Delta r << \lambda_L$ ist, ermittelt. Die Normalenkomponente der Schallschnelle ergibt sich damit näherungsweise zu

$$v_n = -\frac{1}{\rho}\int \frac{p_B(t) - p_A(t)}{\Delta r} dt. \qquad 2.5$$

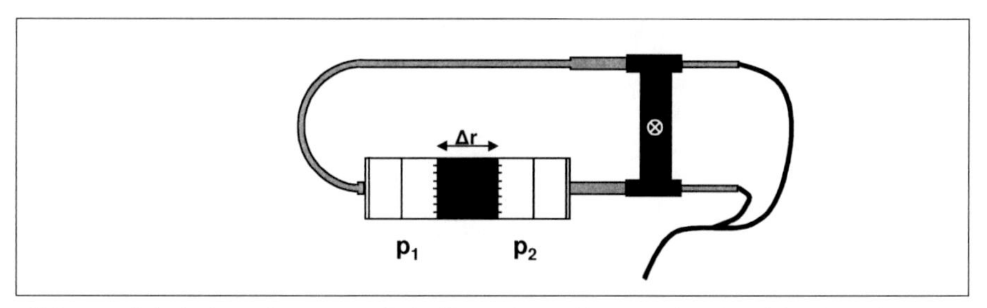

Abb. 2.2: Prinzipdarstellung einer Schallintensitäts- Messsonde mit axialer Anordnung der Mikrofone

Der Schalldruck p(t) wird als der arithmetische Mittelwert der an den Mikrofonen A und B gemessenen Schalldrücke gebildet. Da Messgeräte zur unmittelbaren Bestimmung der Intensität zur Verfügung stehen, hat das Verfahren der Schallintensitätsmesstechnik zur Bestimmung der abgestrahlten Schallleistung von Schallquellen große Bedeutung erlangt. Es zeichnet sich dadurch aus, dass auch unter akustisch ungünstigen Bedingungen, z.B. in Maschinenhallen mit lauten Hintergrundgeräuschen oder auf Aggregateprüfständen ohne absorbierende Auskleidung, wie sie in der Praxis häufig anzutreffen sind, Schallleistungsbestimmungen mit hoher Genauigkeit möglich sind.

Da die Schallintensitätsmessungen eine Aussage über den Energiefluss durch eine Oberfläche liefert, eignet sie sich somit prinzipiell auch zur Schallquellenortung [BOH87]. Bei Hübner [HÜB89, HÜB91] wird gezeigt, dass für den Fall das die Abstände der Teilschallquellen größer sind als die Luftschallwellenlänge, eine zuverlässige Aussage über die Leistungsanteile der ermittelten Teilschallquellen aus den Intensitätsmessungen möglich ist. Betrachtet man die Abstrahlung schwingender Oberflächen mit kontinuierlicher Quellenverteilung, kann dieser erforderliche

Mindestabstand der Quellen untereinander nicht vorausgesetzt werden. Eine zuverlässige Ortung ist dann mit Schallintensitätsmessungen nicht möglich.

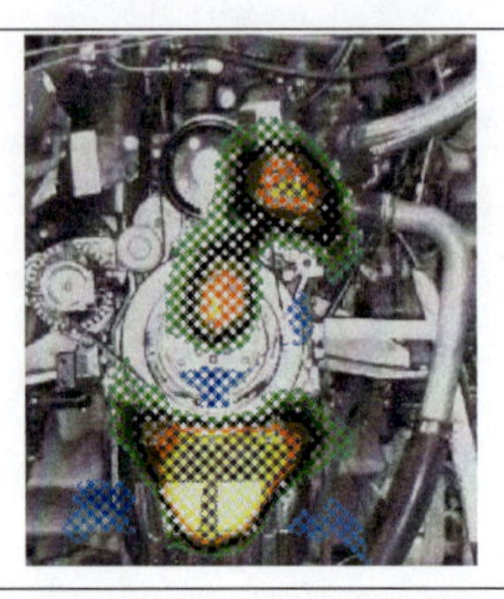

Abb. 2.3: Intensitätskartierung eines Motors; aktive Intensität im Frequenzband von 788-868Hz

Ausführliche Untersuchungen zur Schallquellenortung mit Schallintensitätsmessungen und Intensitätskarten sind bei Quickert [QUI02] zu finden. Bei Schirmer [SCH96] wird ein Ortungsverfahren vorgestellt, das Teilschallquellen durch die Bestimmung des Umschlagpunktes des Vorzeichens der Schallintensität bei dem Abtasten der Oberfläche ermittelt.

Im Folgenden sind die Vorteile und Nachteile der Schallintensitätsmessung aufgezeigt.

Vorteile:

+ Schallintensität ist eine vektorielle Größe, die es erlaubt, das Schallfeld in Amplitude und Richtung darzustellen

+ Schallleistungsbestimmung aus der Intensitätsmessung möglich

+ relativ unempfindlich gegenüber Störungen durch Hintergrundgeräusche und andere unkorrelierte Quellen (gilt nur bei Gesamtleistungsbetrachtungen)

Nachteile:

- zeitaufwendig
- nur stationäre Schallfelder können untersucht werden
- nur möglich, wenn Quellenabstand größer als der erforderliche Mindestabstand
- sehr hochwertige Messmittel mit gleichem Phasengang werden benötigt
- gute Ergebnisse werden nur bei ebenen Messobjekten erzielt

- Projektion der Ergebnisse auf die Objektoberfläche führt zu Fehlern, wenn die Punkte auf der Oberfläche unterschiedlich weit von der Messfläche entfernt sind

2.1.1.3 Selektive Intensitätsmessung

Eine Weiterentwicklung der Intensitätsmessung stellt die selektive Intensitätsmessung dar [MAR01]. Mit dieser Methode ist es möglich, die Ursache für ein Maximum in der Intensitätskartierung zu finden, eine Intensitätsuntersuchung bezogen auf den Beitrag einer Ursache durchzuführen und die Anteile einer bestimmten Ursache an der Schallleistung zu bestimmen [BRU03-I].

Diese Erweiterung der Möglichkeiten der Intensitätsbestimmung wird durch einen zusätzlichen Aufnehmer, der am vermuteten Ort der Ursache (der Schallentstehung) platziert wird, erreicht. Mit Hilfe dieses zusätzlichen Aufnehmers werden nur die zu seinem Signal kohärenten Anteile des Gesamtsignals berücksichtigt, indem das Intenstätsspektrum mit der Kohärenz des Referenzsignals multipliziert wird. Damit ist man in der Lage tonale Störgeräusche, die von einem breitbandigen Signal maskiert werden, in einer Intensitätskartierung darzustellen. Der zusätzliche Aufnehmer, der sog. Referenzsensor, kann beliebigen Typs sein. Er muss nur in der Lage sein, das Frequenzverhalten der Ursache aufzuzeigen. Typische Sensoren für diese Anwendung sind Beschleunigungsaufnehmer, Laservibrometer, Kraftsensoren oder ein elektrisches Signal, das mit der vermuteten Anregung in Verbindung steht.

Neben den bei der Intensitätsmessung bereits aufgezählten Vor- und Nachteilen ist noch folgendes zu erwähnen:

Der Verbesserung der Intensitätsmessung als Werkzeug zur Quellenermittlung steht der Nachteil gegenüber, dass eine genaue Kenntnis des untersuchten Objektes benötigt wird, um die Ursache der Anregung zu ermitteln.

2.1.1.4 Beamforming

Beamforming ist eine Methode zur Lokalisierung von Schallquellen, die im Gegensatz zu den anderen Array-Techniken Quellen untersuchen kann, die größer sind als das Messgitter. Anfänglich wurde es hauptsächlich in Windkanälen zur Untersuchung von Fluglärm [ZEI03] und zur Untersuchung des Vorbeifahrgeräusches von Zügen, LKW und PKW [BAR03] verwendet. Beim Beamforming werden die Schallwellen auf einen Punkt, wie bei einer optischen Linse, fokussiert, siehe Abb. 2.6.

In Abbildung 2.4 sind einige in der Literatur beschriebene Arten der Mikrofonverteilung in Beamforming-Messgittern dargestellt. Die häufigsten Muster sind statistisch verteilte, kreuzweise linear oder spiralförmig angeordnete Mikrofone [BAR03, HOL3, BRU03]. In einer Linie angeordnete Mikrofone ergeben nur ein eindimensionales Abbildungsverhalten [BAT03, QUI02].

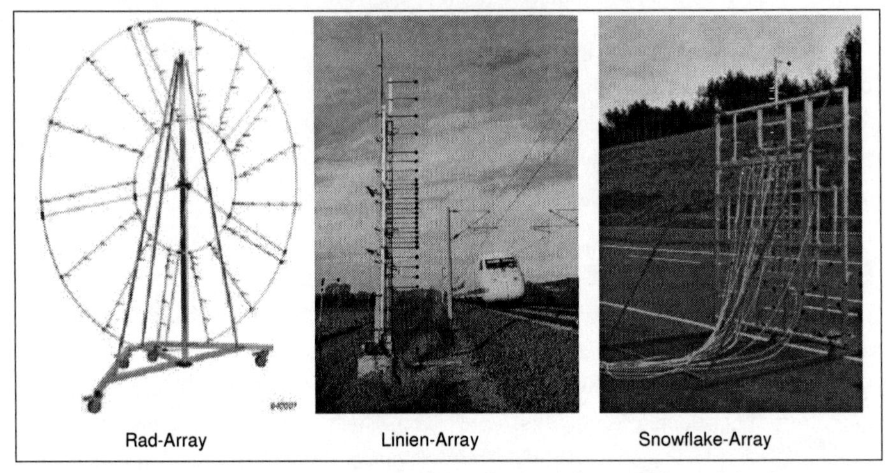

Abb. 2.4: Unterschiedliche Beamforming Gitter; Rad-, Linien- und Snowflake-Array [CHR04, BAR03]

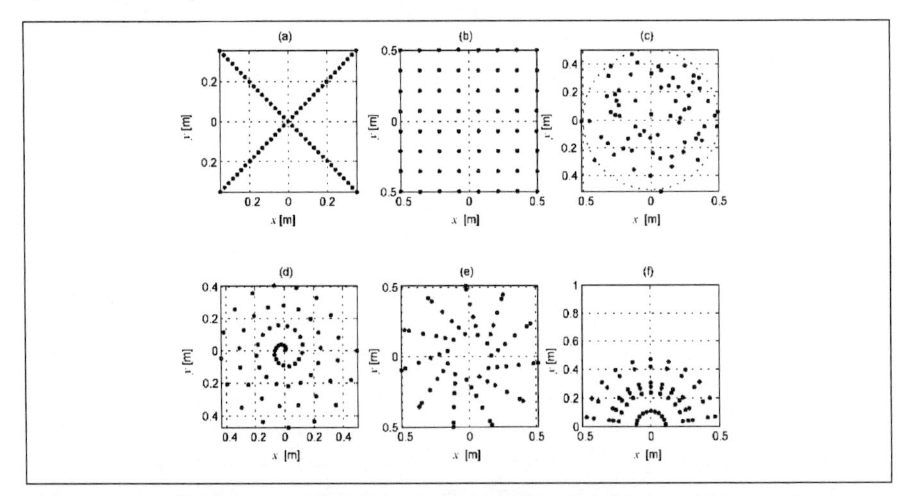

Abb. 2.5: Unterschiedliche Mikrofonmuster in Beamforming Gittern; a) kreuzweise Anordnung, b) Netzanordnung, c) statistische Verteilung, d) archimedische Spirale, e) Rad-Gitter, f) halbes Rad-Gitter [CHR04].

Das am häufigste eingesetzte Beamforming Verfahren ist das sog. *Delay-and-Sum Beamforming*, das im Anschluss vorgestellt wird. Andere Methoden des Beamforming, wie das bei Holland [HOL03] vorgestellt *Focused Beamforming* oder der bei Havelock [HAV03] präsentierte *Aggregate Beamformer*, befinden sich größtenteils noch im Entwicklungsstadium. Eine Darstellung unterschiedlicher Verfahren des Beamforming und anderer, verwandter Array-Techniken findet sich bei Brandstein [BRA01].

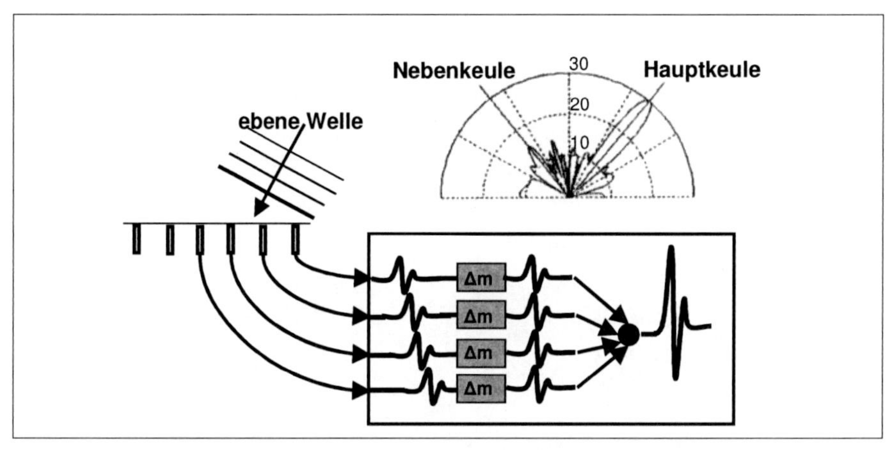

Abb. 2.6: Prinzipielle Funktionsweise des *Delay-and-Sum Beamforming*

Das Prinzip des *Delay-and-Sum Beamforming* ist in Abb. 2.6 dargestellt. Ein ebenes Mikrofongitter ist mit einem Datenverarbeitungssystem verbunden, das für jedes Mikrofon des Gitters ein einstellbares Totzeitglied und einen Addierer beinhaltet [JOH93]. Der einstellbare Zeitversatz des Totzeitglieds Δm für jedes einzelne Mikrofonsignal wird so gewählt, dass sich die Signale der auf das Gitter auftreffenden ebenen Wellen aus der ausgewählten, fokussierten Richtung kohärent addieren. Das Beamforming Gitter hat neben der durch den Zeitversatz vorgegebenen Richtung der größten Empfindlichkeit, der sog. Hauptkeule, noch weitere Richtungen, gekennzeichnet durch die Nebenkeulen, aus denen es ebene Wellen kohärent addiert, wodurch das Ergebnis verfälscht werden kann. Je nach Positionierung der Mikrofone im Gitter (Gitterformen) sind diese Nebenkeulen größer oder kleiner. Eine ausführliche Diskussion von Vor- und Nachteilen der unterschiedlichen Muster findet man bei Christensen [CHR04]. Wie im Beispiel (Abbildung 2.6) dargestellt, trifft eine ebene Welle von rechts, aus der fokussierten Richtung, auf das Gitter. Das Signal wird zuerst vom rechten Mikrofon detektiert, dann vom zweiten, usw. Die Signalbox stellt diesen Vorgang dar. Das erste Signal erhält den kleinsten Zeitversatz, das zweite den nächst kleineren usw. Nachdem alle Signale mit ihrem individuellen Zeitversatz versehen sind, werden sie addiert. Man erhält ein Summensignal mit einem sehr hohen Pegel. Unter

Beibehaltung der fokussierten Richtung (gleiche Zeitverzögerung), erzielen Signale aus anderen Richtungen einen geringeren Pegel.

Das Summensignal $b(\kappa, t)$ für eine gewählte Richtung, κ, lässt sich wie folgt berechnen.

$$b(\kappa, t) = \sum_{m=1}^{M} p_m(t - \Delta m(\kappa)) \qquad 2.6$$

Der gemessene Schalldruck an den einzelnen Mikrofonen wird mit p_m, $m=1,2,...,M$ bezeichnet, wobei mit M die Nummer der Mikrofone bezeichnet wird. Wird die obige Berechnung für verschiedene Richtungen κ durchgeführt, die eine Messebene vor einem Objekt aufspannen, erhält man eine Karte der gerichteten Schallabstrahlung eines Objektes, wie in Abb. 2.7 gezeigt.

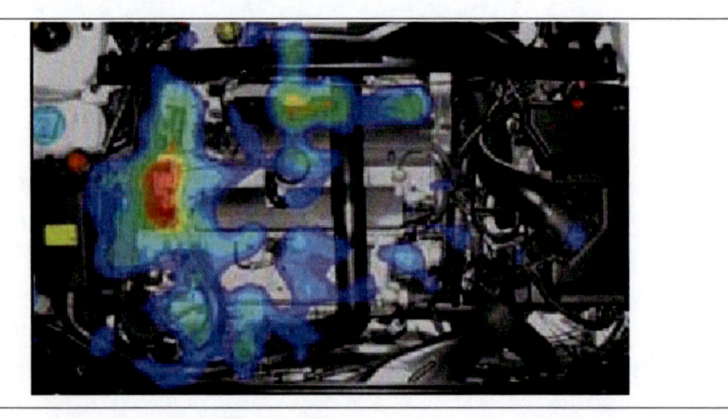

Abb. 2.7: Ergebnisdarstellung einer Beamforming Untersuchung an einem Verbrennungsmotor 6,3 kHz 1/3 Oktave [CHR04]

Entgegen der hier gewählten, vereinfachten Darstellung des Beamforming bei ebenen Wellen, die einen Brennpunkt in unendlicher Entfernung vom Messgitter haben, hat ein untersuchtes Objekt einen endlichen Abstand von dem Gitter. Um bei endlichem Abstand auch eine Fokussierung auf eine Untersuchungsebene vor dem untersuchten Objekt durchführen zu können, nimmt man eine Verteilung von Monopolen auf der Untersuchungsebene an. Die Zeitverzögerungen werden entsprechend berechnet.

Das Verfahren kommt meist dort zur Anwendung, wo nur kurze Messzeiten möglich sind, sozusagen Schnappschüsse, wenn Messungen in der Nähe des abstrahlenden Objektes zu schwierig durchzuführen sind oder eine große Frequenzspanne betrachtet werden soll. Damit ist das Verfahren prädestiniert für den Einsatz im Windkanal, oder bei vorbeifahrenden Objekten. Es kann aber auch dazu verwendet werden, Motoren und Getriebe in höheren Frequenzbereichen zu untersuchen, als dies beispielsweise mit STSF oder NS-STSF möglich ist.

Vorteile:

+ sehr kurze Messzeiten, da alle Kanäle simultan aufgezeichnet werden (*single-shot)*
+ Vermessung von großen Objekten (Öffnungswinkel 60 Grad)
+ hohe Grenzfrequenz > 20kHz
+ Messungen finden im Fernfeld statt, damit ideal für Messungen in Windkanälen oder Vorbeifahrtmessungen
+ transiente Ereignisse können erfasst werden

Nachteile:

- Karte der Schalldruckverteilung ist nicht kalibriert, relative Beiträge des Schallfeldes an den Mikrofonen werden dargestellt
- Störquellen vor und hinter dem Gitter können zu Geisterquellen führen
- Bei Verwendung in schallharter Umgebung besteht Gefahr von Spiegelquellen
- untere Grenzfrequenz bei ca. 1kHz

2.1.2 Modellbasierte Verfahren zur Schallquellenlokalisierung

Unter dem Begriff modellbasierte Verfahren zur Schallquellenlokalisierung werden alle Lokalisierungsverfahren zusammengefasst, die ein das Schallfeld beschreibendes Modell verwenden. Es handelt sich dabei um mathematische Modelle, die auf der Helmholtz- oder Euler-Gleichung beruhen. Grundlage der Verfahren ist die Messung des Schalldrucks in der Nähe des abstrahlenden Objektes. Die bekanntesten und üblichsten Verfahren sind die Akustische Holographie im Nahfeld (NAH) oder auch *Spatial Transformation of Sound Fields*, sowie das Nichtstationäre STSF. Ein recht neues Verfahren in dieser Gruppe ist die Inverse-Boundary-Element-Methode (I-BEM).

2.1.2.1 Räumliche Schallfeldtransformation

Bei der räumlichen Schallfeldtransformation wird ein Schallfeld mit einem ebene Mikrofongitter aufgezeichnet. Die Methode wird von Hald [HAL89] grundsätzlich beschrieben. Die Berechnung der Schallausbreitung erfolgt mit Hilfe der akustischen Holographie, bei der das Schallfeld einer kohärenten Quelle im Fern- sowie Nahfeld des abstrahlenden Objektes aus den Messdaten des Mikrofongitters ermittelt wird. Die

Methode wird von Bruel & Kjær unter der Bezeichnung *Spatial Transformation of Sound Fields* (STSF) in einem kommerziellen Produkt angeboten.

Ausgehend von der Messung der stationären Kreuzspektren in einer Messebene im Nahfeld des zu untersuchenden Objektes, können bei der akustischen Nahfeld Holographie alle akustischen Kenngrößen in Ebenen parallel zur Messebene berechnet werden.

Zusätzlich zu den Mikrofonen in der Messebene werden Referenz-Sensoren verwendet. Es werden die Kreuzspektren zwischen den Gittermikrofonen und den Referenzen gebildet. Das gemessene Schallfeld wird in eine *Principal Component* Beschreibung überführt, die bei der NAH und bei der Anwendung der Helmholtz-Gleichung Verwendung findet. Für eine fehlerfreie Ermittlung der Auto- und Kreuzspektren muss stationäres Quellverhalten vorliegen. Bei der *Principal Component Analysis* (PCA) wird das komplexe Schallfeld in eine Reihe unkohärenter Komponenten zerlegt, die kohärent zu den Referenzsignalen sind. Die STSF ist damit unabhängig von akustischen Störquellen, da nicht korreliertes Hintergrundgeräusch unterdrückt wird [RAS96, TAY]. Als Referenzsignal können entweder strukturdynamische Größen (Beschleunigung, Geschwindigkeit) oder akustische Größen (Schalldruck) verwendet werden.

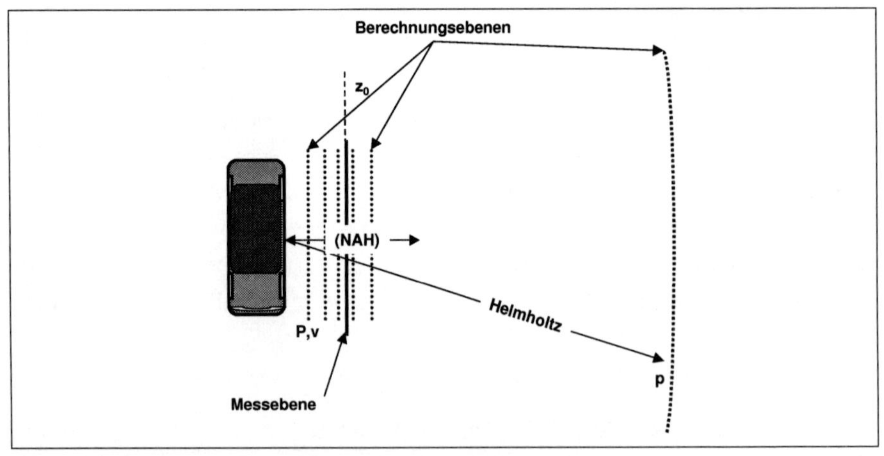

Abb. 2.8: Das Prinzip der räumlichen Schallfeldtransformation

Das Grundprinzip der räumlichen Schallfeldtransformation (STSF) ist in Abbildung 2.8 dargestellt. Ausgehend von der Messebene können mit der NAH Schalldruck und Schnelle sowohl in Richtung der Quelle, als auch weg von ihr, für einen Bereich, der den Abmaßen des Messgitters entspricht, bestimmt werden. Für die Berechnung des

Schalldrucks außerhalb des Messbereiches und im Fernfeld, wird das Helmholtz-Integral genutzt. Dazu wird das Schallfeld vor der Quellenoberfläche mit der NAH bestimmt und als Eingangsgröße für das Helmholtz-Integral verwendet.

Ist die Oberfläche der untersuchten Quelle eben, erhält man mit dieser Methode eine gute Abschätzung der Quellenverteilung auf der Objektoberfläche (siehe Abb. 2.10 links). Bei nicht ebenen Oberflächen, wie sie bei einem Verbrennungsmotor vorhanden sind, verhindert die Beschränkung auf ebene Projektionsflächen eine korrekte Abbildung der Quellenverteilung (Abb. 2.10 rechts).

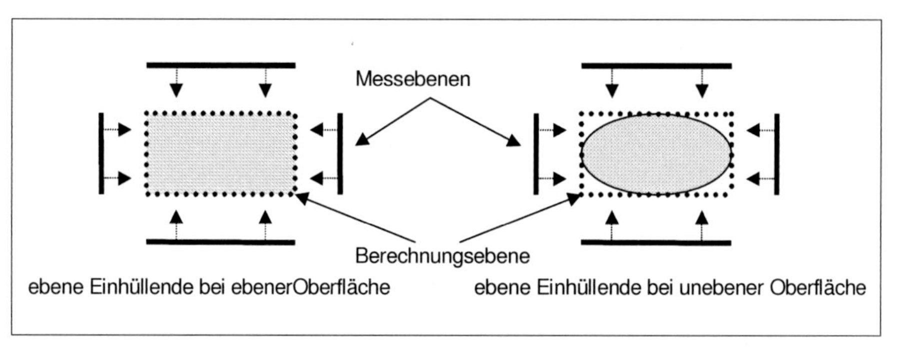

Abb. 2.10: Prinzip der Quellenlokalisierung durch STSF bei ebenen und unebenen Objektoberflächen [BRU03-II]

Ausführliche Darstellungen zur Akustischen Holographie im Nahfeld finden sich in den Beiträgen von Hald [HAL89] und Williams [WIL99]. Die Vor- und Nachteile der räumlichen Schallfeldtransformation sind im Anschluss zusammengestellt.

Vorteile:

+ schnelle Messungen
+ Störungen durch unkorrelierte Hintergrundgeräusche können unterdrückt werden
+ die Karten der Intensität-, Schalldruck- und Schallschnelleverteilung an der Quellenoberfläche sind kalibriert

Nachteile:

- Beschränkungen im Frequenzbereich, bei zehn Zentimeter Abstand der Mikrofone im Messgitter auf 1.6.kHz
- es können nur stationäre Schallfelder untersucht werden

2.1.2.2 Nichtstationäres STSF

Nichtstationäres STSF (NS-STSF) ist eine zeitbereichsbasierte Anwendung der akustischen Holographie. Es ermöglicht die Untersuchung von Objekten mit nicht stationärer Schallabstrahlung. Die grundsätzliche Beschreibung der Methode findet sich bei Hald [HAL00]. In der Zeitbereichsholographie werden alle, das Schallfeld beschreibenden Größen (Druck, Schnelle, Schallintensität), in Abhängigkeit von der Führungsgröße Zeit oder Drehzahl beschrieben. Dadurch kann die NS-STSF im Gegensatz zu STSF nicht nur darstellen wo, sondern auch wann ein Schallereignis aufgetreten ist. Es können transiente Schallereignisse wie Quietschen oder andere nicht stationäre, ordnungsbezogene Ereignisse untersucht werden [HAL00].

Ergebnis einer Auswertung mit NS-STSF sind Schnappschüsse ausgewählter akustischer Größen wie Schalldruck, Schallschnelle, aktive und reaktive Intensität usw., die für eine virtuelle Ebene parallel zum Messgitter berechnet sind (siehe Abb. 2.11).

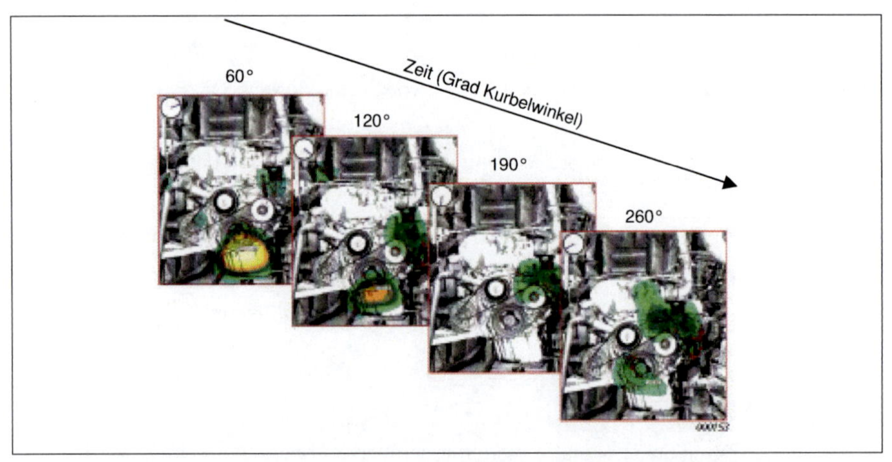

Abb. 2.11: Aktive Intensität bei vier unterschiedlichen Kurbelwinkeln [HAL00]

Der Datenstrom einer NS-STSF-Analyse ist in Abb. 2.12 dargestellt. Für den Frequenzbereich und die Anwendung bei unebenen Objektoberflächen gelten die gleichen Beschränkungen wie bei der STSF[GIN95, HAL89].

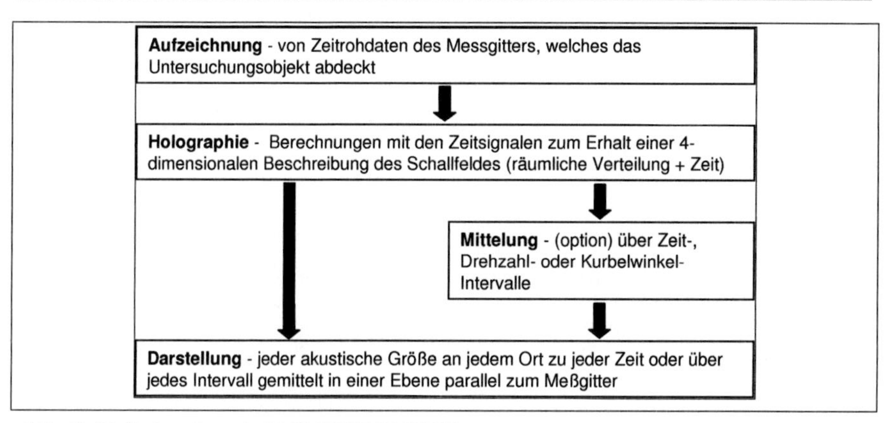

Abb. 2.12: Datenstrom bei NS-STSF [BAT03]

Vorteile:

+ einfache Anwendung
+ kurze Messzeit
+ gute zeitliche und räumliche Auflösung
+ Verschiedene Methoden der Mittelung sind möglich (zeitliche, kurbelwinkelbezogene, ordnungsbezogene Mittelung)

Nachteile:

- eine hohe Anzahl von Mikrofonen und Messkanälen wird benötigt
- Freifeldbedingungen sind notwendig
- evtl. lange Rechenzeiten

2.1.2.3 Inverse-Boundary-Element-Methode

Die Inverse-Boundary-Element-Methode (I-BEM) kann man als ein dreidimensionales STSF bezeichnen. Während STSF auf ebene Mess- und Berechnungsebenen festgelegt ist, kann man I-BEM auch bei gekrümmten Mess- und Berechnungsebenen einsetzen (siehe Abb. 2.13).

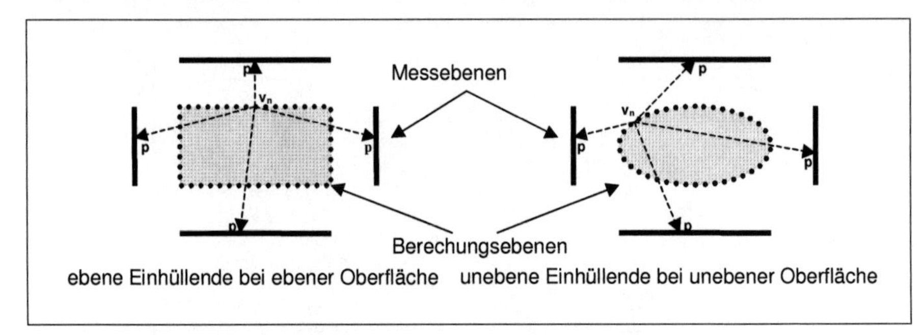

Abb. 2.13: Prinzip der Quellenlokalisierung mit I-BEM [BRU03-II]

Die I-BEM besteht aus mehreren Schritten. Vor der eigentlichen Berechnung muss ein das untersuchten Objekt umschließendes Schalenmodell S, die so genannte Einhüllende, erstellt werden (siehe Abb. 2.14).

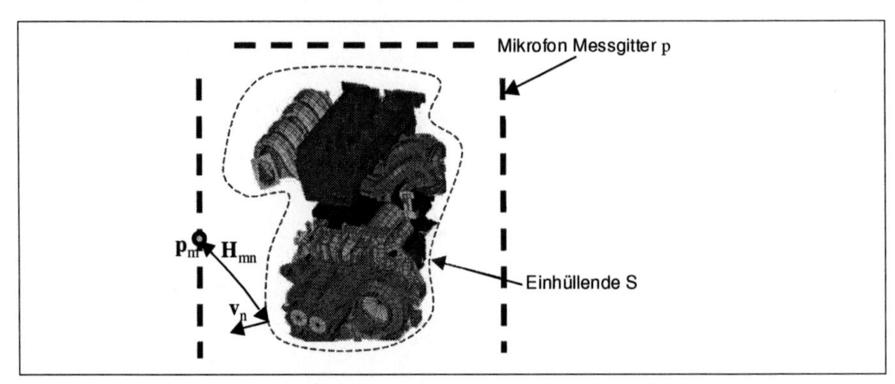

Abb. 2.14: Beispielhaftes Messgitter und Einhüllende um einen Motor [HAM00]

Ziel der Inversen-Boundary-Element-Methode ist es, die Oberflächenschnelle $\mathbf{v}_n$ an den Netzknoten der Einhüllenden zu berechnen. Dazu wird unter Zuhilfenahme des BE-Modells die $m \times n$ Übertragungsmatrix $\mathbf{H}$ zwischen dem Vektor der m am Messgitter gemessenen Schalldrücke $\mathbf{p}$ und dem Schnellevektor $\mathbf{v}$ der n unbekannten Normalenkomponenten an den Netzknoten des Berechungsnetzes durch die nachfolgende Gleichung berechnet:

$$\begin{bmatrix} p_1 \\ p_2 \\ \vdots \\ p_m \end{bmatrix} = \begin{bmatrix} H_{1,1} & H_{1,2} & \dots & H_{1,n} \\ H_{2,1} & \ddots & & \\ \vdots & & \ddots & \\ H_{m,1} & & & H_{m,n} \end{bmatrix} \cdot \begin{bmatrix} v_1 \\ v_2 \\ \vdots \\ v_n \end{bmatrix} \qquad 2.7$$

Die Übertragungsmatrix ist von den Eigenschaften des Fluids (Dichte, Schallgeschwindigkeit), welches das abstrahlende Objekt umgibt, und der Temperatur sowie von der Umgebung des Untersuchungsobjektes abhängig. Bei der Berechnung der Übertragungsmatrix werden Freifeldbedingungen vorausgesetzt.

Um die Oberflächenschnelle $\mathbf{v}$ zu berechnen, ist das lineare Gleichungsystem bestehend aus den gemessenen Schalldrücken $\mathbf{p}$ und der mit dem BEM-Modell berechneten Übertragungsfunktionen $\mathbf{H}$ zu lösen.

Die vollbesetzte, nicht symmetrische Übertragungsmatrix wird für jede Frequenz neu ermittelt. Die Bestimmung der Oberflächenschnellen durch Lösung des inversen Problems aus Gleichung 2.7 ermöglicht, mit den m gemessenen Schalldrücke die Schnelle an m Punkten zu bestimmen. Im vorliegende Fall müssen aus m gemessenen Drücken die Schnellen an n Punkten ermittelt werden, wobei $m \ll n$ ist. Das Gleichungssystem ist daher unterbestimmt. Die Matrix $\mathbf{H}$ ist schlecht konditioniert, da sie noch Nahfeldkomponenten enthält. Um eine stabile Lösung zu erhalten wird eine Regularisierung durchgeführt, die in die *Principal-Component-Analyse* integriert ist [ACE03].

Nach dem Erhalt des Vektor $\mathbf{v}$ mit den Normalenkomponenten der Oberflächenschnelle an den Knoten des Berechnungsnetzes der Einhüllenden, kann mit Hilfe einer BEM-Rechnung das Schallfeld an beliebigen Stellen um die Quelle berechnet werden.

Vorteile:

+ beliebig geformte Objekte können untersucht werden
+ Prognosen für beliebige Punkte im Raum möglich
+ Schallleistungsbestimmungen, Intensitätsuntersuchungen möglich

Nachteile:

- FE-Modell des untersuchten Objektes nötig
- Nur stationäre Schallfelder können untersucht werden
- lange Rechenzeiten
- Lage des Messgitters zum untersuchten Objekt muss exakt abgebildet sein
- lange Aufbau- und Einrichtungsdauer
- eine große Anzahl an Messkanälen wird benötigt

Mit dem Begriff Regularisierung werden Verfahren bezeichnet, die es ermöglichen, eine stabile näherungsweise Lösung eines schlecht konditionierten Problems zu finden [KIR88]. Die gebräuchlichste Methode ist die Tikhonov-Regularisierung [WU04]. Mit ihr wird folgendes Minimierungsproblem gelöst:

$$\min_{v}\left(\|p - H \cdot v\|_2^2 + \lambda\|L \cdot v\|_2^2\right) \tag{2.8}$$

wobei L eine Bewertungsmatrix darstellt, die eine Flächenwichtung der Schnelle an den Knotenpunkten beinhaltet [SAE05]. Im Idealfall soll mit einem optimalen λ der Ausdruck

$$\min_{\alpha}\left(\|v_{exakt} - v_{regularisiert}(\lambda)\|_2\right) \tag{2.9}$$

minimiert werden oder durch die Kenntnis des Signal/Rausch Abstandes soll gelten

$$p = p_{exakt} + e \qquad \|e\|_2 << \|p_{exakt}\|_2 \tag{2.10}$$

Dabei sind v_{exakt} und der Fehler e in der Regel nicht bekannt. Die entsprechenden Parameter werden nach der Methode des *L-Curve*-Kriteriums ermittelt, dass bei Hansen [HAN97], Sureshkumat [SUR01] und Schuhmacher [Sch03] ausführlich erklärt wird. Mit ihr kann der optimale Regularisierungsparameter λ bestimmt werden, der einen Kompromiss zwischen der Exaktheit der Lösung und der Robustheit gegenüber Rauschen darstellt. Aus der Darstellung der Lösungs- und der Regularisierungsnorm (siehe Abb. 2.15) wird der optimale Parameter λ in dem Bereich stärkster Krümmung bestimmt.

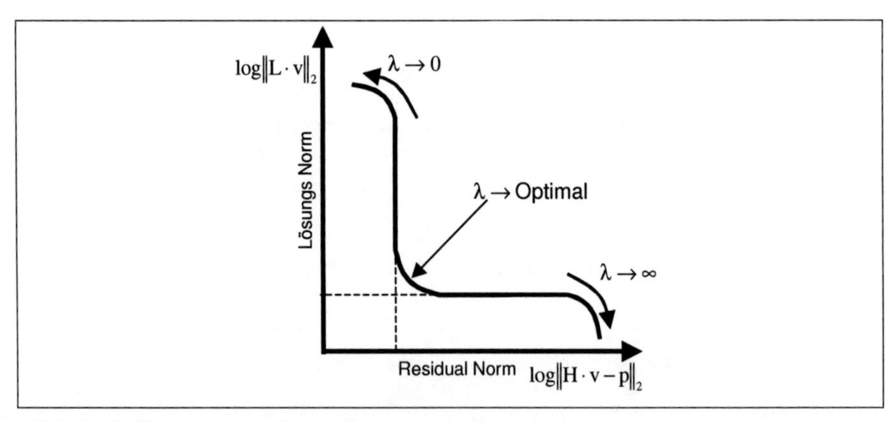

Abb.: 2.15: Schematische Darstellung einer L-Kurve

Andere Methoden zur Regularisierung werden z.B. bei Williams vorstellt [WIL01].

2.2 Signalanalyse

Mit Hilfe der Signalanalyse ist man in der Lage, das Verhalten von Systemen durch die Beobachtung der Beziehungen zwischen Ein- und Ausgangssignalen zu beschreiben. Die allgemeine Signalanalyse geht von linearen, zeitinvarianten Systemen aus [BEN80]. Über die Fouriertransformation $(\Im)$ bzw. die inverse Fouriertransformation $\left(\Im^{-1}\right)$ sind Zeit- und Frequenzbereich miteinander verknüpft. Die Fouriertransformierte $X(f)$, das sog. Dichtespektrum des Signals, berechnet sich aus dem Zeitsignal $x(t)$ nach

$$X(f)\Im\{x(t)\} = \int_{-\infty}^{+\infty} x(t)e^{-j2\pi ft}\,dt\,. \qquad 2.11$$

Die Rücktransformation wird beschrieben durch

$$X(f)\Im^{-1}\{x(t)\} = \int_{-\infty}^{+\infty} X(f)e^{j2\pi ft}\,df\,. \qquad 2.12$$

Der Informationsgehalt eines Signals im Frequenzbereich ist identisch mit dem des Zeitsignals.

Bei der Aufzeichnung von Zeitsignalen ist das Abtasttheorem von Shannon zu beachten. danach ist dem die Abtastfrequenz mindestens doppelt so hoch zu wählen wie die höchste im Signal enthaltene Frequenz. Zur Begrenzung des Frequenzbereiches sollten vor der Digitalisierung der Signale sog. Anti-Aliasing-Filter eingesetzt werden [BEN80].

Auf digitalen Rechnern wird die Transformation als Diskrete-Fourier-Transformation (DFT) bezeichnet. Der Fast-Fourier-Algorithmus (FFT) ist der am häufigsten eingesetzte Algorithmus bei der Durchführung einer diskreten Fourier Transformation [BRI85].

Für die digitale Signalanalyse, die heute bei der Auswertung von akustischen und schwingungstechnischen Problemstellungen eingesetzt wird, muss die zeitkontinuierliche Formulierung in eine zeitdiskrete Formulierung überführt werden. Das digitalisierte Signal $x(t)$ liegt nur zu diskreten Zeiten vor. Daher wird aus dem Integral in Gleichung 2.11 die Summe

$$X(k) = \frac{1}{N}\sum_{N=0}^{N-1} x(n)e^{-j2\pi k\frac{n}{N}}\,. \qquad (k=0,1,2,...N-1) \qquad 2.13$$

$X(k)$ stellt das endliche Frequenzspektrum der diskreten Stützstellen der Zeitfunktion $x(n)$ dar. Die Stützstellen im Frequenzbereich werden durch den Index k bezeichnet.

Das daraus resultierende Frequenzspektrum $X(k)$ ist ebenfalls diskret und besteht aus N Stützstellen.

Das Fourierspektrum selbst wird in der Regel nicht für Interpretationen verwendet. Aus den Spektren der Ein- und Ausgangssignale eines Systems lassen sich Auto- und Kreuzleistungsspektren berechnen. Das Autoleistungsspektrum wird verwendet, wenn nur der Frequenzgang des analysierten Signals von Interesse ist. Soll auch der Phasengang mit betrachtet werden, wird das Kreuzleistungsspektrum angewandt.

Das Autoleistungsspektrum $S_{xx}(f)$ berechnet sich nach der Gleichung

$$S_{xx}(f) = X^*(f) \cdot X(f) \qquad 2.14$$

$$S_{yy}(f) = Y^*(f) \cdot Y(f) \qquad 2.15$$

Durch die Multiplikation mit dem konjugiert komplexen Spektrum verliert man den Imaginärteil und damit die Phaseninformation.

Autoleistungspektren werden, wie die meisten Spektren, normalerweise als einseitige Spektren $(f \geq 0)$ dargestellt.

$$G_{xx}(f) = S_{xx}(f) \quad \text{bzw.} \quad G_{yy}(f) = S_{yy}(f) \quad \text{für } f = 0 \qquad 2.16$$

$$G_{xx}(f) = 2 \cdot S_{xx}(f) \quad \text{bzw.} \quad G_{yy}(f) = 2 \cdot S_{yy}(f) \quad \text{für } f > 0 \qquad 2.17$$

Das Kreuzleistungsspektrum $S_{xy}(f)$ berechnet sich analog zu Gleichung 2.14 mit den Signale am Ein- und Ausgang zu

$$S_{xy}(f) = X^*(f) \cdot Y(f). \qquad 2.18$$

Das Ergebnis ist komplex und die Phaseninformation bleibt erhalten. Das Kreuzleistungsspektrum wird meist für weiterführende Berechnungen wie die Berechnung von Übertragungsfunktionen oder Kohärenzen herangezogen.

Das Übertragungsverhalten eines Systems wird in der Regel durch die Beziehung zwischen Eingangs- und Ausgangsgrößen beschrieben wird. Häufig findet sich dafür die Bezeichnung Übertragungsfunktion. In der akustischen Transferpfadanalyse, wie sie hier angewendet wird, verwendet man zur Identifikation eines Systems als Eingangsgröße den Schallfluss $Q(t)$. Als Ausgangsgröße $y(t)$ wird der aus der akustischen Anregung resultierende Schalldruck an einem Mikrofon $p(t)$ verwendet.

Die allgemeine Gleichung zur Bestimmung der Übertragungsfunktion lautet in einer anschaulichen Darstellung

$$H(f)=\frac{Y(f)}{X(f)}. \qquad 2.19$$

Diese Funktion liefert nur unter idealen, störungsfreien Bedingungen, d.h. perfektes lineares Verhalten und kein Rauschen, exakte Ergebnisse. In der Praxis sind Messungen durch Störsignale beeinflusst, deshalb werden häufig zwei Varianten der oben angegebenen Gleichung für die Berechnung der Übertragungsfunktion verwendet. Durch Mittelung der Kreuzleistungsspektren werden nicht korrelierten Signalanteile unterdrückt. Erweitert man Gleichung 2.19 mit den konjugiert komplexen Spektren von $X(f)$, so erhält man

$$H_1(f)=\frac{S_{xy}(f)}{Sxx(f)}. \qquad 2.20$$

Sie wird angewendet, wenn das Eingangssignal $x(t)$ mit weniger Störungen als das Ausgangssignal $y(t)$ versehen ist. Erweitert man Gleichung 2.19 mit den konjugiert komplexen Spektren von $X(f)$ erhält man

$$H_2(f)=\frac{S_{yy}(f)}{Syx(f)}. \qquad 2.21$$

Sie wird angewendet, wenn das Ausgangssignal $y(t)$ mit weniger Störungen als das Eingangssignal $x(t)$ versehen ist.

Die Korrelationsfunktion γ^2 ist ein Maß für die lineare Abhängigkeit zweier Signale über der Frequenz. Sie berechnet sich nach der Gleichung

$$\gamma^2=\frac{\left|S_{xy}(f)\right|^2}{S_{xx}(f)^2\cdot S_{yy}(f)^2} \qquad 2.22$$

Die Kohärenz kann Werte zwischen null und eins annehmen, wobei der Wert eins die beste Kohärenz darstellt, es liegt dann vollkommene lineare Abhängigkeit vor. Bei vollständiger Unabhängigkeit der Ein- und Ausgangssignale wird der Wert der Kohärenzfunktion null.

Zur Darstellung drehzahlabhängigen Größen werden in der vorliegenden Arbeit zwei unterschiedliche Darstellungen verwendet, Campbell-Diagramme und Gesamtpegel aus Drehzahlhochläufen. Campbell-Diagramme ergeben sich durch die Auftragung der Drehzahl über der Frequenz mit einer farbigen Amplitudenskalierung. Sie eignen sich für eine genauere Betrachtung der Signale. Sie bieten eine feinere Auflösung der zu untersuchenden Signale als die gemittelten Spektren aus Drehzahlhochläufen. Die Bestimmung der gemittelten Spektren orientiert sich an der bei [HEC95] dargestellte

Spektralanalyse von Pegeln. Der zu einem Frequenzband Δ gehörende Pegel L_Δ ergibt sich aus N Pegeln L_i aller lückenlos und überschneidungsfrei gehaltenen Frequenzbändern zu

$$L_\Delta = 10\lg\left(\sum_{i=1}^{N} 10^{Li/10}\right). \qquad 2.23$$

Das zu analysierende Zeitsignal wird in Abschnitte unterteilt. Die Länge der Abschnitte ist wird so gewählt, die Drehzahländerung innerhalb des betrachteten Zeitraums klein ist. Für jeden Zeit- bzw. Drehzahlabschnitt werden die Pegel bestimmt. Die Zuordnung von Pegel und Drehzahl erfolgt über die durchschnittliche Drehzahl innerhalb des betrachteten Zeitfensters. Die berechneten Pegel werden über der Drehzahl aufgetragen. Diese Form der Darstellung liefert einen Überblick über das Verhalten einer Quelle bei verschiedenen Drehzahlen.

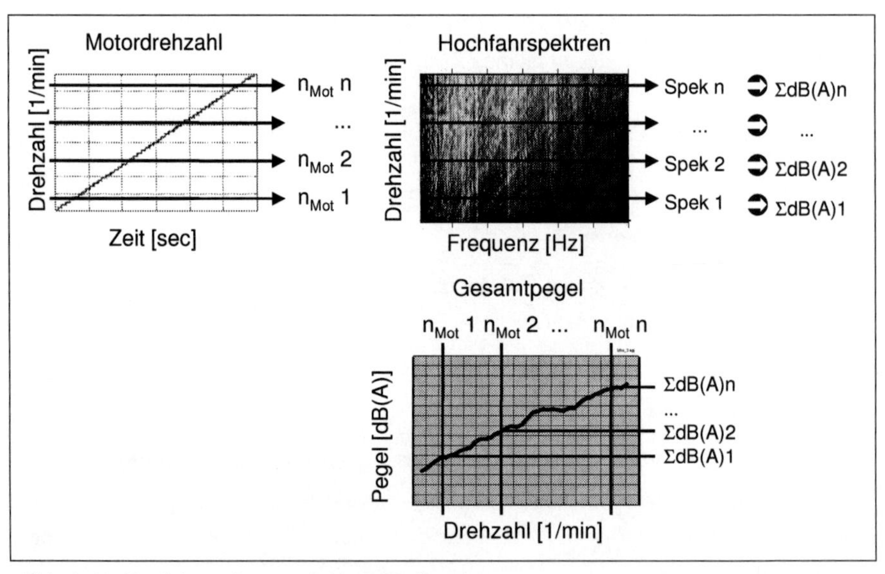

Abb. 2.16: Ermittlung des gemittelten Spektrums

2.3 Schallfluss kalibrierte Quellen

Eine wichtige Voraussetzung zur Geräuschprognose ist, die Luftschall Übertragungsfunktion (Greensche-Funktion) zwischen Quelle und Empfänger bestimmen zu können.

An die Vorstellung der für die Untersuchungen verwendeten Schallquellen schließt sich eine Erläuterung der Zwei-Mikrofon-Methode an, mit welcher der Schallfluss der Quellen bestimmt wird.

2.3.1 Verwendete Schallquellen

Bei den verwendeten schallflusskalibrierten Quellen (auch Rohrschallquellen genannt) handelt es sich um Quellen, wie sie z.B. bei Glandier [GLA01] beschrieben werden. Rohrschallquellen bestehen meistens aus einem Lautsprecher, der in einem Gehäuse montiert ist (siehe Abb. 2.17). An diesem Gehäuse befindet sich ein Rohr, durch das der Schall nach außen geleitet wird.

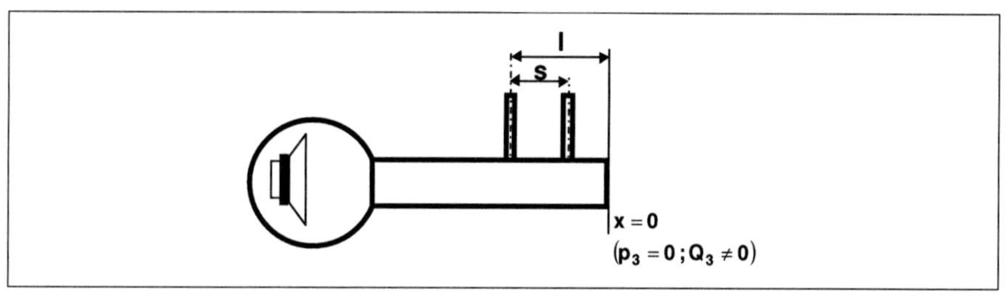

Abb. 2.17: Schematischer Aufbau einer Rohrschallquelle

Neben der Rohrschallquelle, wie sie in Abbildung 2.18 auf der linken Seite dargestellt ist, gibt es die so genannte Kunstkopfquelle, die es ermöglicht, die binaurale Kunstkopftechnik mit der reziproken Bestimmung von Übertragungsfunktionen zu kombinieren.

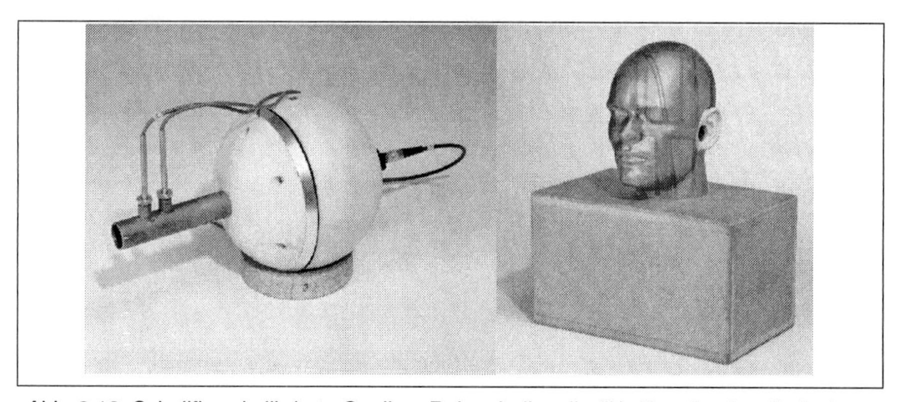

Abb. 2.18: Schallfluss kalibrierte Quellen: Rohrschallquelle (li.), Kunstkopfquelle (re.)

In einen Körper mit der Kontur eines Kunstkopfes ist eine Rohrschallquelle eingebaut, in der das schallleitende Rohr in zwei Stränge aufgeteilt wird. Damit ist es möglich, ähnlich wie bei Klemenz [KLE03] binaurale Luftschall-Übertragungsfunktionen zu ermitteln. Vor den Austrittsöffnungen des Rohres an den Ohren wird analog zur Rohrschallquelle der Schallfluss bestimmt. Für Betriebsmessungen oder zur direkten Messung von Luftschall-Übertragungsfunktionen kann die Kunstkopfquelle als Empfänger verwendet werden, indem in die Schallöffnungen am linken und rechten Ohr Mikrofone eingesetzt werden. Durch die Beibehaltung der äußeren Kontur vor den Schallöffnungen bzw. den Mikrofonen ist die akusto-akustische Reziprozitätsbedingung erfüllt.

Im Unterschied zu der von Sellerbeck [SEL03] vorgestellten Quelle kann der Schallfluss direkt während der Messungen zu Bestimmung der binauralen Übertragungsfunktionen bestimmt werden. Darüber hinaus ist die Quelle unempfindlich gegenüber eventuellen Rückwirkungen des umgebenden Raumes.

2.3.2 Zwei-Mikrofon-Methode

Mit Hilfe der Zwei-Mikrofon-Methode ist es möglich, den Schallfluss an einer beliebigen Querschnittsfläche in einem Rohr zu bestimmen. Er definiert sich aus dem Produkt von Schallschnelle v und der von Schall durchflossenen Fläche A.

$$Q(x,t) = \int v(x,t) \cdot dA = v \cdot A \tag{2.24}$$

Die Schallschnelle v, und damit der Schallfluss Q, kann mit der Zwei-Mikrofon-Methode bestimmet werden [CHU80, GLA01]. Die folgenden Ableitungen basieren auf den Arbeiten von Munjal und Heckl [MUN87, HEC95].

Die Anwendung dieser Methode ist dann zulässig, wenn das Rohr zwischen den Messorten und der Bezugsebene keine Diskontinuitäten, wie z.B. Querschnittssprünge, Abzweigungen oder .ähnliches aufweist. Zur Bestimmung des Schallflusses sind zwei Mikrofone im Abstand s in axialer Richtung im Rohr mit schallharten Wänden angebracht.

Die akustische Wellengleichung [KOL93] für eindimensionale, ebene Wellenausbreitung, wie sie in Rohren bis zur Grenzfrequenz f_g vorliegt, lautet

$$\frac{1}{c^2}\frac{\partial^2 p}{\partial t^2} = \frac{\partial^2}{\partial x^2} p. \tag{2.25}$$

Der Parameter c beschreibt die Schallgeschwindigkeit in der Luft, p den Schalldruck und t die Zeit.

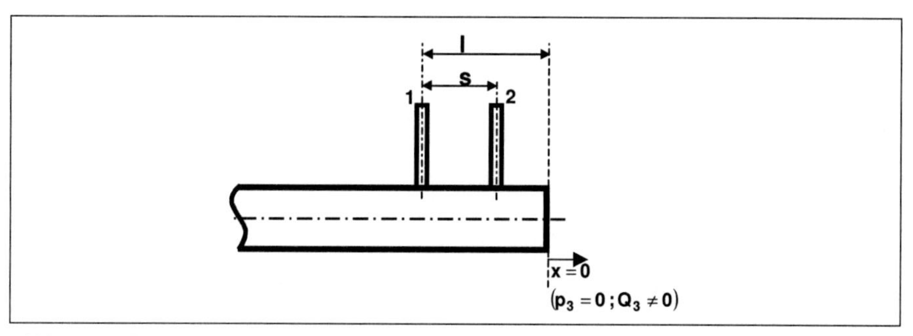

Abb. 2.19: Zwei-Mikrofon-Methode

Die Grenzfrequenz f_g, bis zu der im Rohr eine ebene Wellenausbreitung vorliegt berechnet sich nach [HEC95] zu

$$f_g = 0.58 \cdot \frac{c}{d_i}. \tag{2.26}$$

Mit einer allgemeinen Lösung dieser Gleichung nach d'Alembert lässt sich der Schalldruck p als eine Addition des Schalldrucks $p_+(x,t)$ einer hinlaufenden und dem Schalldruck $p_-(x,t)$ einer zurücklaufenden Welle interpretieren

$$p(x,t) = p_+(x,t) + p_-(x,t). \tag{2.27}$$

Darin sind

$$p_+(x,t) = p_0 e^{i\omega t} e^{-ikx} \tag{2.28}$$

und

$$p_-(x,t) = p_0 R(\omega) e^{i\omega t} e^{ikx}. \tag{2.29}$$

Der Faktor k bezeichnet die Kreiswellenzahl

$$k = \frac{\omega}{c} = \frac{2\pi}{\lambda}. \tag{2.30}$$

wobei λ die Wellenlänge und ω die Kreisfrequenz ist. Der Term $R(\omega)$ beschreibt den frequenzabhängigen Reflexionsfaktor, der sich durch die Reflexion der Schallwellen am Rohrende ergibt.

Setzt man die Ortskoordinaten aus Abbildung 2.19 in Gleichung 2.28 und 2.29 ein, so lassen sich die Schalldrücke der Mikrofone 1 und 2 schreiben als

$$p_1 = p_t(-l,t) = p_0 e^{i\omega t}(e^{ikl} + R(\omega) e^{-ikl} \tag{2.31}$$

und

$$p_2 = p_t(-(l+s),t) = p_0 e^{i\omega t}(e^{ik(l+s)} + R(\omega)e^{-ik(l+s)}) \quad 2.32$$

die Übertragungsfunktion H_{12} zwischen den Mikrofon ergibt sich zu

$$H_{12} = \frac{p_2}{p_1} = \frac{e^{ik(l+s)} + R(\omega)e^{-ik(l+s)}}{e^{ikl} + R(\omega)e^{-ikl}}. \quad 2.33$$

Löst man diese Gleichung nach dem Reflexionsfaktor $R(\omega)$ auf, so ergibt sich der Reflexionsfaktor zu

$$R(\omega) = e^{2ikl}\frac{e^{-iks} - H_{12}}{H_{12} - e^{iks}}. \quad 2.34$$

Die Schallschnelle v berechnet sich nach der eindimensionalen Euler-Gleichung zu

$$v(x,t) = \frac{k}{\omega\rho_0} p_0 e^{i\omega t}(e^{-ikx} - R(\omega)e^{iks}). \quad 2.35$$

Damit lässt sich zusammen mit Gleichung 2.24 der Schallfluss Q berechnen.

2.4 Transferpfadmethode

Die Beziehung zwischen Quellen und Empfängern, z.B. dem Motor als Quelle und den Ohren des Fahrzeuginsassen im Innenraum des Fahrzeuges als Empfänger, lassen sich mit einem Transferpfadmodell darstellen. Ein solches Modell ist in Abbildung 2.20 dargestellt.

2.4.1 Transferpfadmodelle

Sind Anregungen und die dazugehörigen Übertragungswege bekannt, so kann der entsprechende Teilbeitrag im Innenraum für jede Quelle einzeln als Funktion der Frequenz beschrieben werden. Das Gesamtsignal ergibt sich dann aus der energetischen oder komplexen (phasenbezogenen) Addition der einzeln ermittelten Teilbeiträge.

Der von der Ansaugmündung, den Nebenaggregaten, dem Motor und anderen Quellen emittierte Luftschall wird über die Karosserie in den Innenraum übertragen. Dies erfolgt zum einen direkt über die Karosserie (Luft-Struktur-Luftübertragung), als auch durch Undichtigkeiten in der Karosserie. Die Übertragungseigenschaften der Übertragungsstrecken lassen sich entweder durch Anregung mit einer Laborschallquelle am Systemeingang separat messen oder berechnen. Die

Anregungsgröße zur Ermittlung der Fahrzeugübertragungstrecke, ist der bekannte Schallfluss der Laborquelle, der resultierende Schalldruck im Innenraum ist die Ausgangsgröße.

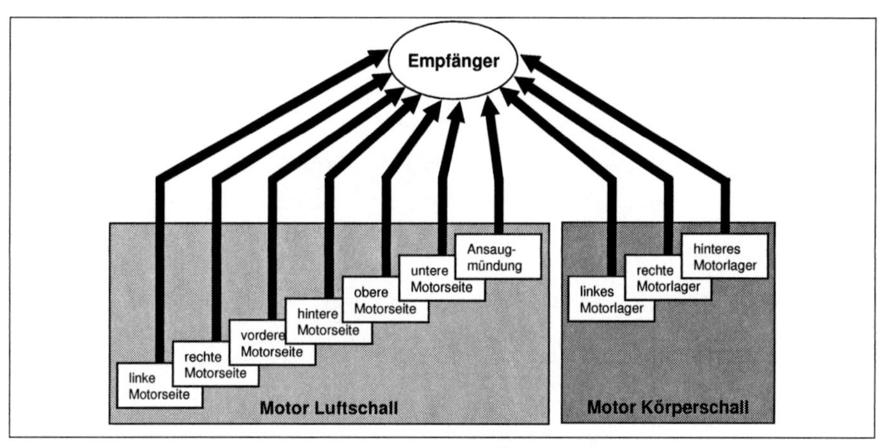

Abb. 2.20: Transferpfadmodell für exemplarische Übertragungsstrecken

Die Transferpfadanalyse basiert auf der Annahme von Punkt-zu-Punkt Übertragungen. Eine Motoroberfläche besteht aus vielen verschiedenen Quellen mit nicht eindeutig zu definierende Anregungspositionen. Aus diesem Grund ist es nicht ohne weiteres möglich, die motorische Luftschallanregung in ein Transferpfadmodell zu integrieren. Hierzu finden sich experimentelle Ansätze z.B. bei Helber [HEL97] und Genuit [GEN99].

2.4.2 Reziprozität

Reziprozitätsbeziehungen beschreiben die Wechselwirkung zwischen Punkten eines Systems, bei der das örtliche Vertauschen der Anregung in diesen Punkten auch zu einer örtlichen Vertauschung der Antwort führt. Notwendige Voraussetzungen für Reziprozität in einem System sind Linearität und Passivität. Reziprozitätsbeziehungen sind in vielen Wissenschaftsgebieten wie z.B. Mechanik, Akustik, Elektrik und Beugungsoptik bekannt. Die grundsätzlichen Formulierungen für die Akustik gehen auf Helmholtz (1860), für die Vibroakustik auf Lord Rayleigh (1877) zurück. Die Untersuchungen von Zheng et al [ZHE94] und Moorhouse [MOO02] für Motoren, Maruyama für Kraftfahrzeuge und Fahy et al. [FAH90] zeigen, dass die Reziprozitätsbeziehungen in der technischen Akustik angewendet werden können.

Bei der messtechnischen Ermittlung der Übertragungsfunktionen vom Motor in den Innenraum eines Pkws ist es aufgrund der beengten Platzverhältnisse im Motorraum meistens nicht möglich, die Laborquelle an allen notwendigen Positionen um den Motor zu platzieren. Die Messaufgabe bei der direkten Messung besteht darin, mit dem Schallfluss am Ort 1 anzuregen und die Schalldruckantwort am Ort 2 zu erfassen (siehe Abb. 2.21). Bei der Reziprokmessung wird dieses Prinzip umgedreht. Es wird am Ort 2 mit einer schallflusskalibrierten Quelle (Rohrschallquelle) angeregt und am Ort 1 als Antwort der Schalldruck gemessen. Die akustischen und geometrischen Randbedingungen in der Umgebung von Sender und Empfänger dürfen durch das Vertauschen ihrer Positionen nicht verändert werden [FAH94]. Dabei ist zu berücksichtigen, dass der Schallfluss am jeweiligen Empfänger die Bedingung

$$Q_i = 0 \qquad 2.36$$

erfüllt wird, d.h. es dürfen keine Quellen oder Senken vorhanden sein.

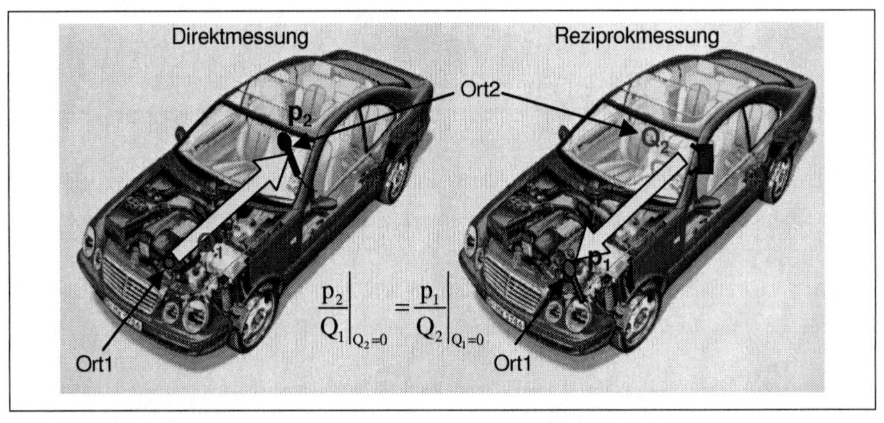

Abb. 2.21: Prinzip der Direktmessung (li.) und der Reziprokmessung (re.)

In der Zweitortheorie kann jedes Übertragungselement als eine "Blackbox" dargestellt werden, die über zwei Eingangs- und zwei Ausgangsgrößen verfügt. Durch die beiden Größen am Ein- und Ausgang wird das Element beschrieben. Die Eigenschaften eines Zweitors werden mit einer Übertragungsmatrix, welche die Eingangs- und Ausgangsgrößen miteinander verknüpft, angegeben. In Abbildung 2.22 ist ein Zweitor in allgemeiner Form dargestellt. Die Größen F_1 und J_1 bezeichnen die zwei Eingangsgrößen, F_2 und J_2 sind dementsprechend die Ausgangsgrößen und H ist die Übertragungsmatrix [FRE84]. Die physikalischen Bedeutungen dieser Größen in den für die Akustik bzw. Vibroakustik interessierenden Fachgebieten, sind in Tabelle 2.3 zusammengefasst.

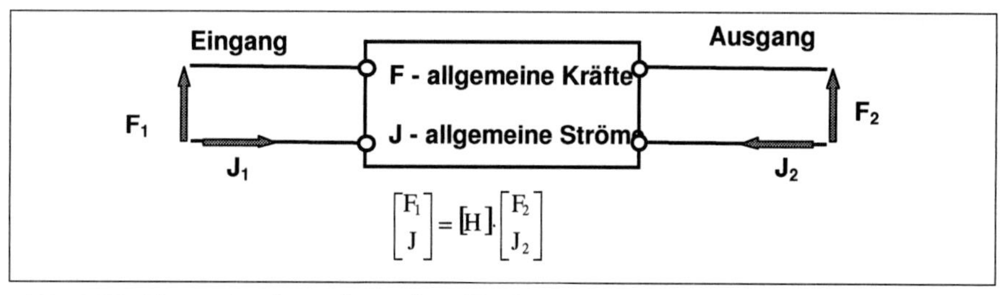

Abb. 2.22: Allgemeine Darstellung eines Zweitors

Für die Beschreibung der Übertragungseigenschaften von Zweitoren gibt es unterschiedliche Darstellungen, die lediglich durch mathematische Umformungen auseinander hervorgehen. Reziprozität ist dann gegeben, wenn in den nachfolgend definierten Matrizen die beiden Elemente auf den Nebendiagonalen identisch sind [HEL94]. Ist diese Identität in einer der drei Matrizen gegeben, folgt sie für die beiden anderen zwangsläufig.

Die Wahl der möglichen Reziprozitätsbeziehungen für die Anwendung in einem konkreten Fall hängt von den messtechnisch realisierbaren Randbedingungen ab.

Die in den Beziehungen (1) bis (3) rechts stehenden Übertragungsfunktionen werden im Folgenden als direkte, die links stehenden als Reziproke Messgrößen und die zugeordnete Messung als Direkt- bzw. Reziprok-Messung bezeichnet.

Form	Gleichung	Randbedingung	Reziprozitäts-beziehung	
Impedanz	$\begin{vmatrix} F_1 \\ F_2 \end{vmatrix} = \begin{vmatrix} Z_{11} & Z_{12} \\ Z_{21} & Z_{22} \end{vmatrix} \begin{vmatrix} J_1 \\ J_2 \end{vmatrix}$	J1 bzw. J2=0	$\left.\frac{F_1}{J_2}\right\|_{J_1=0} = \left.\frac{F_2}{J_1}\right\|_{J_2=0}$	(1)
Admittanz	$\begin{vmatrix} J_1 \\ J_2 \end{vmatrix} = \begin{vmatrix} Y_{11} & Y_{12} \\ Y_{21} & Y_{22} \end{vmatrix} \begin{vmatrix} F_1 \\ F_2 \end{vmatrix}$	F1 bzw. F2=0	$\left.\frac{J_1}{F_2}\right\|_{F_1=0} = \left.\frac{J_2}{F_1}\right\|_{F_2=0}$	(2)
Hybrid	$\begin{vmatrix} J_1 \\ F_2 \end{vmatrix} = \begin{vmatrix} H_{11} & H_{12} \\ H_{21} & H_{22} \end{vmatrix} \begin{vmatrix} F_1 \\ J_2 \end{vmatrix}$	F1 bzw. J2=0	$-\left.\frac{J_1}{J_2}\right\|_{F_1=0} = \left.\frac{F_2}{F_1}\right\|_{J_2=0}$	(3)

Tabelle 2.3: Darstellung von Übertragungsstrecken als Zweitore [HEL98]

Im Rahmen dieser Arbeit werden akusto-akustische Reziprozitätsbeziehungen verwendet. Die für die akustische Anwendung wichtige Reziprozitätsbeziehung unter der Randbedingung schallharter Abschlüsse lautet

$$\left.\frac{p_1}{Q_2}\right|_{Q_1=0} = \left.\frac{p_2}{Q_1}\right|_{Q_2=0} . \qquad 2.37$$

Für die Übertragungsfunktion p/Q wird häufig auch die Bezeichnung Greensche Funktion (GF), oder auch Luftschall- Übertragungsfunktion gewählt. Ein Beispiel für die direkte und reziproke Ermittlung von Luftschall-Übertragungsfunktionen findet sich in Kapitel 6.1.2.

3 Methode zur Quantifizierung ausgedehnter Schallquellen und Schalldruckprognose

Die Boundary-Element-Methode (BEM) ist eine numerische Berechnungsmethode, mit der auch die Schallabstrahlung von Objekten berechnet werden kann [KIR98]. Dabei wird in der Regel vorwärts gerechnet, d.h. die Oberflächenschnelle einer Struktur ist aus Messungen oder einer FE- Rechnung bekannt und das von der Struktur abgestrahlte Schallfeld ist gesucht.

Die Inverse-Boundary-Element-Methode (I-BEM) wird genutzt, um vom Schalldruck im Nahfeld auf die Oberflächenschnelle der abstrahlenden Struktur zu schließen. Während in klassischen Verfahren der akustischen Holographie nur mit ebenen Gittern gemessen wird und die Ergebnisse für andere, dazu parallele Ebenen berechnet werden, ist es mit I-BEM möglich, räumliche Messgitter zu verwenden und die Schnelle beliebig geformter Oberflächen zu prognostizieren.

Die Beschreibung geometrisch komplexer, ausgedehnter Quellen, wie z.B. Motoren, durch so genannte akustisch äquivalente Quellen, spielt in der Fahrzeugentwicklung eine wachsende Rolle [OUI98, BOH96]. Ziel dieser Modellbildung ist es, eine endliche Anzahl von äquivalenten Quellen zu erhalten, um in Kombination mit möglichst wenigen, meist messtechnisch bestimmten, Übertragungsfunktionen eine Geräuschprognose durchführen zu können. Bei den äquivalenten Quellen handelt es sich um Schallquellen, die auf der Oberfläche des untersuchten Objektes verteilt sind und das gleiche Schallfeld wie die ausgedehnte, untersuchte reale Quelle erzeugen. Darüber hinaus ist es denkbar, mittels gemessener oder aus der Simulation gewonnener Luftschall-Übertragungsfunktionen, den Schalldruck im Innenraum eines Fahrzeugs bei unterschiedlichen Umgebungen der Quelle, z.B. Motorräumen unterschiedlicher Fahrzeuge, zu prognostizieren.

Im EU-Projektes ACES [ACE03] ist eine Methode und die in Abbildung 3.1 dargestellte zugehörige Werkzeugkette entwickelt worden, die es ermöglicht, aus Schalldruckmessungen im Nahfeld eines abstrahlenden Objektes, unter Anwendung der Inversen-Boundary-Element-Methode, auf die Anregungsverteilung auf dessen Oberfläche zu schließen und die Position und Stärke von so genannten akustisch äquivalenter Quellen zu bestimmen. Im Folgenden sollen die im Rahmen dieses Projektes durchgeführten Untersuchungen am Model- und Verbrennungsmotor, zur Verifikation der Methode und die Ergebnisse der Schalldruckprognose, für die zwei unterschiedlichen Arten der Quellenbeschreibungen vorgestellt werden.

Dazu wird an einem Modell- und einem realen Verbrennungsmotor die Schalldruckverteilung im Nahfeld gemessen. Es werden Ersatzmodelle erstellt, mit denen der Schalldruck in der Umgebung der Quellen prognostiziert wird (Kap.3.4). Des Weiteren wird in Kapitel 3.4 der Ansatz verfolgt, die Schallabstrahlung der untersuchten Objekte durch äquivalente Quellen (Monopole) zu aproximieren. Dazu werden die Ergebnisse der Quellenlokalisation an einem Modellmotor verifiziert, bevor sie am Verbrennungsmotor angewendet wird. Die Beschreibung eines abstrahlenden Objektes mit äquivalenten Quellen erfordert mehr Arbeitsschritte als die Beschreibung durch die Oberflächenschnelle. Der Vorteil der äquivalenten Quellen besteht darin, dass sie mit gemessenen Übertragungsfunktionen kombiniert werden können. Ausgehend von den Messungen im Freifeld kann der Schalldruck im Fahrzeuginnenraum durch Verknüpfung der berechneten äquivalente Quellen mit gemessenen Übertragungsfunktionen zu den Positionen der äquivalenten Quellen auf der Motoroberfläche bestimmt werden.

Darüber hinaus werden die mit I-BEM berechneten Ergebnisse mit denen der akustischen Holographie verglichen.

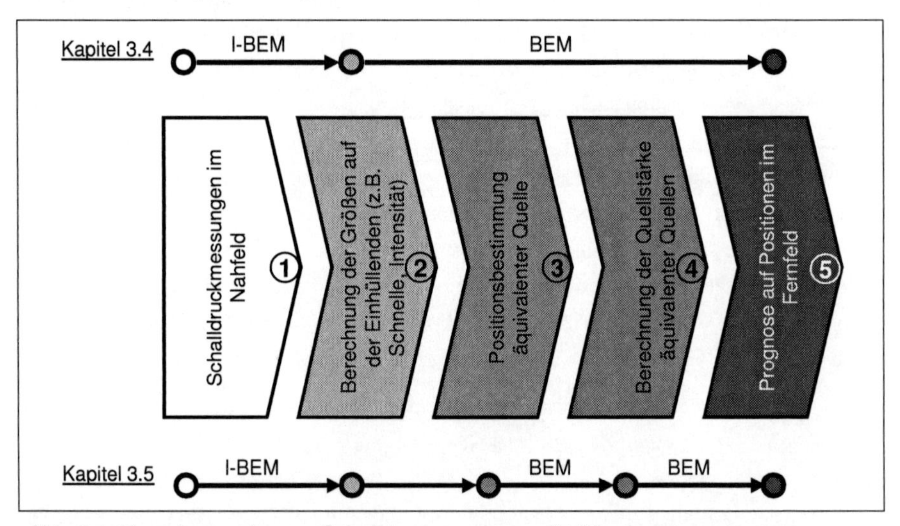

Abb. 3.1: Vorgehensweise zur Schalldruckprognose mit Hilfe einer berechneten Oberflächenschnelle oder äquivalenter Quellen auf Basis von Schalldruckmessungen im Nahfeld

3.1 Verwendete Untersuchungsobjekte

Zur Verifikation von Methoden zur Quantifizierung von Schallquellen gibt es mehrere Ansätze. Ein gebräuchlicher Ansatz ist es, eine Schallintensitätsmessung durchzuführen und die Maxima der Intensität (Hinweis auf eine Quelle) mit den Quellenpositionen, die mit I-BEM ermittelt werden zu vergleichen. Anstelle der Intensitätsmessung kann die Oberfläche des abstrahlenden Objektes auch mit einem Laservibrometer abgetastet werden [MAR03], um die Schnelleverteilung zu bestimmen. Bei ebenen Strahlern, wie z.B. Lautsprecherboxen, ist dies eine einfache und schnelle Möglichkeit zur Überprüfung der Intensitätsmeßmethode. Bei komplexer geformten abstrahlenden Strukturen wie einem Motor, ist die Intensitätsmesstechnik nur bedingt anwendbar (vergl. Kap. 2.1.1.2 und [ESS96]). Sowohl der Modellmotor als auch der verwendete Verbrennungsmotor werden nachfolgend kurz beschrieben.

3.1.1 Modellmotor

In der Literatur finden sich verschiedene Schallquellen auf Basis eines Modellmotors, mit deren Hilfe Methoden zur Lokalisierung von Quellen und auch zur Geräuschprognose verifiziert werden. Wu [WU01] stellt einen Engine Noise Simulator (ENS) vor. Er besteht aus einem massiven Körper mit den Abmessungen eines Motor-Getriebe-Verbandes, an dessen Seiten sich Lautsprecher unterschiedlicher Größe befinden. Diese werden in unterschiedlichen Kombinationen mit weißem Rauschen betrieben. Eine solche Konstruktion kann zur Überprüfung der Quellenlokalisierung herangezogen werden. Allerdings lässt sie keine Aussage über die Quellstärken der einzelnen Teilquellen (Lautsprecher) machen, da die Quellstärke der einzelnen Lautsprecher im Betrieb nicht ermittelt werden kann.

Ein anderes Verifikationsmodell von Kellert [KEL03] besteht aus einem vereinfachten Motorblock im Maßstab 1:2, der aus MDF-Platten aufgebaut ist und in einem modellhaften Motorraum betrieben wird. An den beiden Stirnseiten des Motorblocks befinden sich Lautsprecher. Die Membranschnellen werden mit einem Laservibrometer gemessen. Sie dienen als Anregungsgröße für die Berechnung der Luftschall-übertragung innerhalb des Motorraums mit Hilfe der Finiten-Element-Methode. Kellert konnte zeigen, dass eine genaue Beschreibung der Umgebung der Quelle und der Anregung benötigt werden, um eine gute Übereinstimmung zwischen Messung und Simulation zu erreichen.

Augusztinovicz [AUG00] verwendet die gleiche Methode zur Bestimmung der Membranschnelle an einem Modell eines Reifens. Ausgehend von Schalldruckmessungen wird mit Hilfe der I-BEM die Oberflächenschnelle der sechs, im Modell eingebauten Lautsprechermembranen, berechnet. Augusztinovicz konnte zeigen, dass die genaue Positionierung der Messmikrofone für gute Simulationsergebnisse benötigt wird. Darüber hinaus werden im Freifeld bessere Ergebnisse als bei reflektierendem Boden erzielt.

Der im Rahmen dieser Arbeit aufgebaute Modellmotor besteht aus einem Körper aus MDF-Platten, der im Maßstab 1:1 eine vereinfachte Kontur eines Motors abbildet, wie er in einer Mercedes-Benz A-Klasse verbaut ist. Im Inneren des Körpers befinden sich sechs schallflusskalibrierte Schallquellen (vergl. Kap. 2.3), deren Schallöffnungen bündig mit der Außenkontur des Modellmotors abschließen (siehe Abb. 3.2).

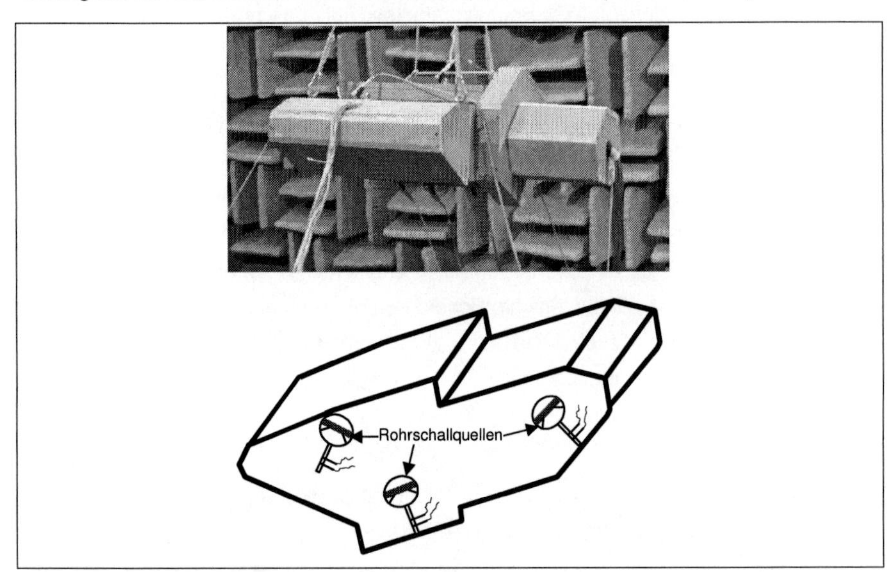

Abb. 3.2: Ansicht des Modellmotors im Freifeld und schematische Darstellung der internen Quellen

Die sechs Quellen des Modellmotors werden mit kohärentem und inkohärentem weißen Rauschen als auch gemessenen Luftschallsignalen eines Ottomotors angeregt.

Mit Hilfe der bereits beschriebenen 2-Mikrofon-Methode kann der Schallfluss jeder einzelnen Quelle des Modellmotors bestimmt werden. Damit sind neben den Quellenpositionen auch die Quellstärken bekannt. Somit können direkt Luftschall-

Übertragungsfunktionen von den einzelnen Quellen zu einem Empfangsort ermittelt werden. In Kapitel 6 wird darauf ausführlich eingegangen.

3.1.2 Vierzylinder Ottomotor

Bei dem für die Untersuchungen zur Quellenlokalisierung durch I-BEM verwendeten Motor handelt es sich um einen Vierzylinder-Ottomotor der in der Mercedes-Benz A-Klasse eingesetzt wird (siehe Abb. 3.3.

Abb. 3.3: 4-Zylinder Ottomotor M166

3.2 Experimenteller Aufbau und Durchführung der Messungen

Grundlage für die Modellbeschreibung akustischer Quellen ist die Aufzeichnung des räumlich und zeitlich diskretisierten Schalldruckfeldes um das untersuchte Objekt.

Mit Hilfe der Schalldruckverteilung um den Motor und der Kenntnis der Mikrofonpositionen lässt sich die Anregungsverteilung auf der Oberfläche des BE-Motormodells und die daran anschließende Ermittlung der Positionen äquivalenter Schallquellen durchführen.

Der prinzipielle Aufbau der Werkzeugkette für die vorgestellte Methode ist in Abb. 3.4 dargestellt:

1.) Koordinatenerfassungssystem

An einem festen Punkt am Messaufbau wird ein Bezugspunkt und am Untersuchungsobjekt an exponierten Stellen, die auch im Berechnungsmodell wieder zu finden sind, Referenzpunkte festgelegt. Die Position der Mikrofone im Raum und die Position der Referenzpunkte zur Ausrichtung der Mikrofone gegenüber dem

Messobjekt, werden mit einem Digitalisierer ermittelt. Die gemessenen Koordinaten werden über eine Schnittstelle direkt an den PC übertragen und dort zusammen mit den Messdaten verwaltet.

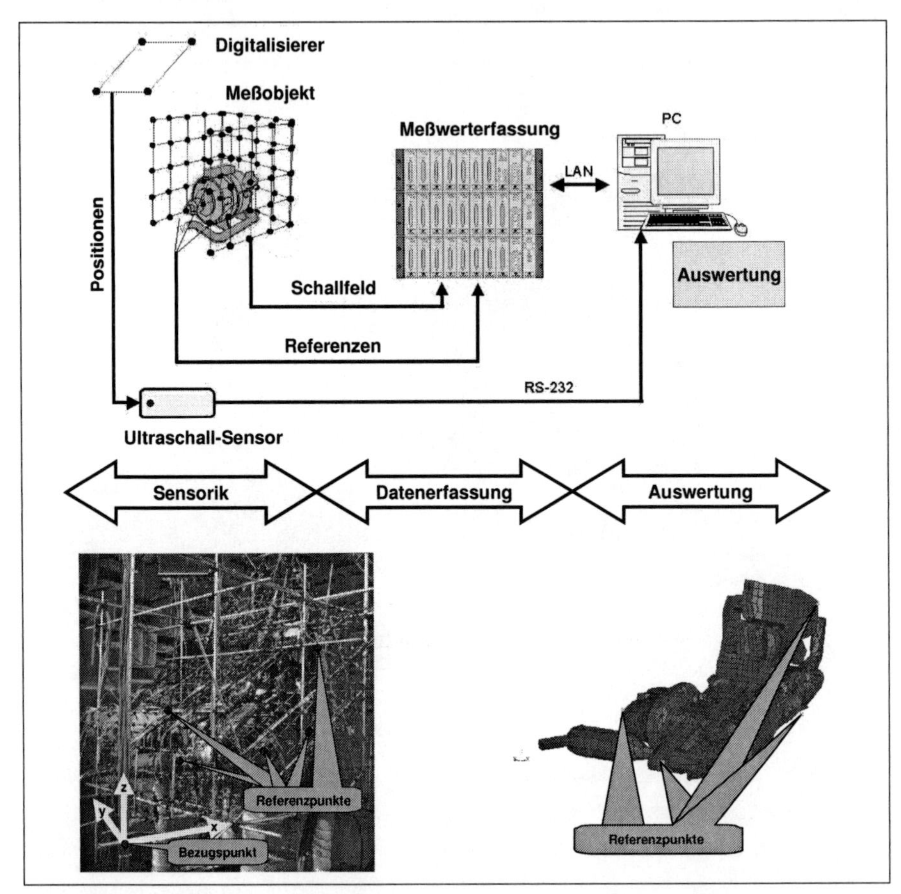

Abb. 3.4: Schematische Darstellung der Werkzeugkette von der Messung bis zur Simulation

2.) Mikrofon-Gittersystem

Die Mikrofone zur Messungen des Schalldruckfeldes sind als ebene Gitter im Nahfeld des Untersuchungsobjektes angeordnet. Die einzelnen Mikrofongitter können sowohl für I-BEM mit den Möglichkeiten der Ermittlung von äquivalenten Quellstärken und Positionen, als auch für die Bestimmung der Quellpositionen mit Hilfe der NAH verwendet werden. Die obere Grenzfrequenz für beide Verfahren ist von der räumlichen

Auflösung, d.h. dem Abstand der Mikrofone im Gitter, abhängig. Der Mikrofonabstand beträgt 10 cm, so dass sich eine obere Grenzfrequenz von 1,6 kHz ergibt (vergl. Kap. 2.1.2.1). Der kleinste Abstand der Mikrofone von der Objektoberfläche soll für beide Verfahren gleich oder größer dem Abstand der Mikrofone im Gitter sein, um Aliasing-Effekte zu verhindern. Daraus ergibt sich ein minimaler Abstand zwischen Objekt und Mikrofon von 10 cm. Für eine gute räumliche Auflösung des Schallfeldes nahe der Oberfläche sollen die Mikrofone so nah wie möglich an der Oberfläche platziert werden. Bei der Oberflächenkontur eines realen Motors kann dieser Anforderung nur im Mittel Rechnung getragen werden. Bei den Untersuchungen am Modellmotor kann diese Forderung aufgrund der vereinfachten Kontur, die nur aus ebenen Platten zusammengesetzt ist, erfüllt werden.

Modellmotor				
Gitter	**Konfiguration**	**Abmessungen [mm]**	**obere GF [Hz]**	**untere GF (NAH) [Hz]**
hinten	8 x 5	700 x 400	1600	430
unten	9x 7	800 x 600	1600	290
rechts	9 x 4	800 x 300	1600	570
vorne	11 x 4	1000 x 300	1600	570
links	3 x 4	200 x 300	1600	860
oben	8 x 8	700 x 700	1600	245
Ölwanne	3 x 4	200 x 300	1600	860
	232 Mikrofone			
Verbrennungsmotor				
hinten	4 x 7	300 x 600	1600	570
Rückseite	7 x 9	600 x 800	1600	290
oben hinten	3 x 7	200 x 600	1600	860
oben vorne	4 x 7	300 x 600	1600	570
Vorderseite	9 x 7	800 x 600	1600	290
seite	6 x 12	500 x 1100	1600	340
unten	8 x 9	700 x 800	1600	245
unten Auspuff	5 x 5	400 x 400	1600	430
	300 Mikrofone			

Tabelle 3.1: Konfiguration der Messgitter für Messungen mit Modell- und Verbrennungsmotor

Für die NAH darf ein Gitter nicht kleiner als das zu untersuchende Objekt sein, es sollte eher noch darüber hinaus ragen. Daher wird die minimale Größe eines einzelnen Gitters durch die Ausdehnung des Messobjektes bestimmt. Die maximale Größe wird von der Anforderung bestimmt, dass ein Mikrofon nur 10 cm von der Objektoberfläche entfernt sein soll. Die untere Grenzfrequenz für holographische Untersuchungen wird von der Ausdehnung des Gitters in beide Raumrichtungen festgelegt. Sie bestimmt sich durch die Maßgabe, dass die kleinste verwendbare Wellenlänge der doppelten Gitterlänge in der kleinsten Ausdehnung entsprechen muss. In Tabelle 3.1 sind die Abmessungen der Messgitter und die sich daraus ergebenden

Frequenzbeschränkungen für I-BEM und NAH für den Modell- und den Verbrennungsmotor angegeben.

Der Modellmotor ist von sieben einzelnen Messgittern mit einem Mikrofonabstand von 10 cm auf allen Seiten umgeben.

Abb. 3.5: Modellmotor mit dem Mikrofongitter und einem Prognosemikrofon

Neben den 232 Mikrofonen im Messgitter sind sog. Prognose-Mikrofone in einem Meter Abstand um das Modell positioniert, siehe Abb. 3.5. Mit den dort gemessenen Schalldrücken werden die Ergebnisse der Prognoserechnungen verglichen.

Für die Messungen am Verbrennungsmotor wird ein Messgitter mit 300 Mikrofonen aufgebaut, wobei nicht alle Gitter voll besetzt sind (siehe Abb. 3.6). Die Begrenzung auf 300 Mikrofone hat dazu geführt, dass das Mikrofon-Gitter entgegen den Anforderungen der I-BEM nicht den gesamten Motor umschließen kann. Auf der Seite des Abtriebs zur Bremsmaschine ist der Motor nicht von Mikrofonen umgeben. Zum einen ist der zu erwartenden Anteil des leeren Getriebegehäuses am Gesamtgeräusch des Motors gering, zum anderen ist diese Seite schlecht zugänglich.

Die Untersuchungen werden in einem reflektionsarmen Prüfstand mit Gitterboden durchgeführt. Die Ergebnisse aus Kapitel 3.41 zeigen, dass zusätzliches Absorptionsmaterial auf dem Gitterboden des Prüfstandes hilft, der in der späteren Simulationsrechnung angenommenen Forderung nach Freifeldbedingungen näher zu kommen (siehe hierzu auch [VOG03]). Bei den Untersuchungen mit dem Modellmotor ist dies noch nicht realisiert.

Abb. 3.6: Motor mit Mikrofongitter und drei Prognosemikrofonen mit zusätzlichen Absorbern auf dem Gitterboden

3.3 Bearbeitung von Modell- und Messdaten

Die Erfassung der Daten und die Verknüpfung mit der numerischen Berechnung ist in Abb. 3.7 dargestellt.

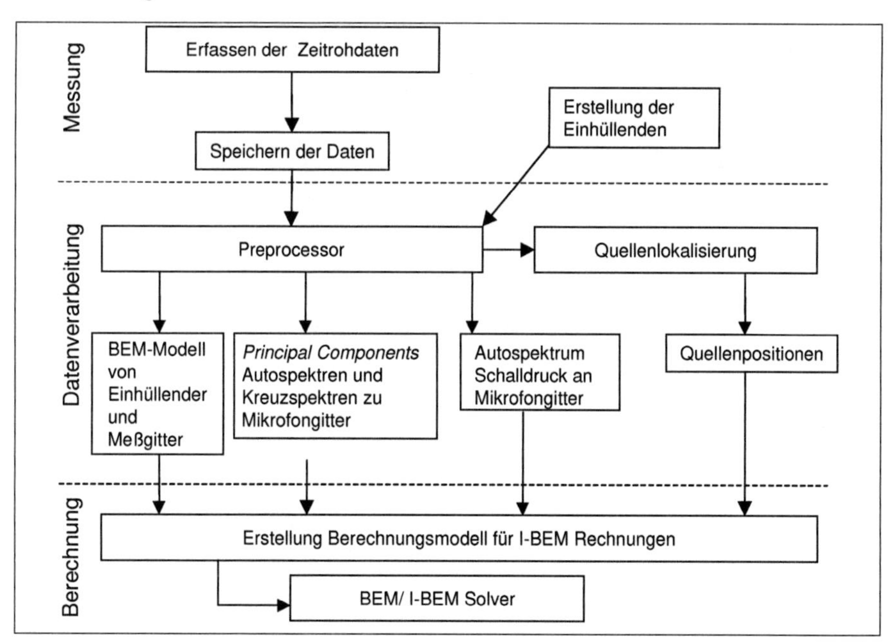

Abb. 3.7: Datenstrom und Schnittstellen für eine I-BEM Rechnung inkl. Quellenlokalisierung

Neben der Reduktion der Datenmenge mit Hilfe der *Principal-Component-Analyse* (PCA), werden die Modelle der Einhüllenden des untersuchten Objektes erstellt und zusammen mit den Koordinaten der Gittermikrofone in ein gemeinsames Koordinatensystem transformiert. Mit diesen Daten wird ein Berechnungsmodell für die I-BEM-Rechnungen erstellt und die Rechnung durchgeführt. Im Weiteren wird auf die einzelnen Schritte näher eingegangen.

3.3.1 Erstellung des Berechnungsmodells

Theoretisch ist eine Quellenbeschreibung eines abstrahlenden Objektes mit jeder, die Quelle umschließenden Geometrie möglich [HAM00]. Da davon ausgegangen werden kann, dass die Ergebnisqualität mit zunehmender geometrischer Ähnlichkeit zwischen Untersuchungsobjekt und Einhüllender steigt, werden im ersten Schritt die Modelle entweder, wie bei dem Verbrennungsmotor, aus vorhandenen FEM-Netzen mit Volumenelementen abgeleitet oder, wie im Fall des Modellmotors, direkt aus dem CAD-Modell erstellt. Die Kontur der Einhüllenden stimmt in diesen Fällen mit der Kontur des Untersuchungsobjektes überein. Hierbei ist zu beachten, dass sich die Berechnungszeiten mit feineren Netzen immer weiter erhöhen. Die Einhüllende des Modellmotors besteht aus 1030 Knoten und 2056 Elementen mit einer maximalen Kantenlänge von 60 mm (siehe Abb. 3.8).

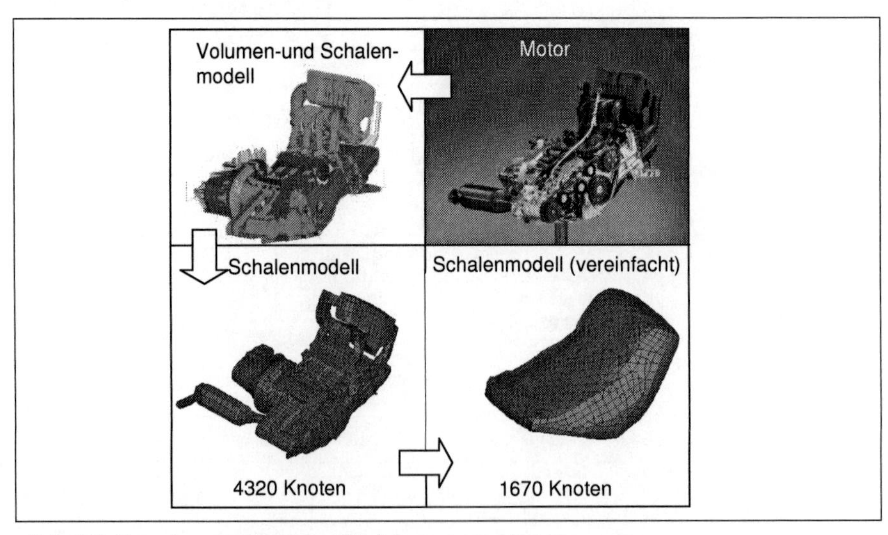

Abb. 3.8: Berechnungsnetze des Verbrennungsmotors

Für den Verbrennungsmotor werden zwei unterschiedliche Berechnungsnetze der Einhüllenden erstellt. Aus einem detaillierten FE-Modell mit Schalen und Volumenelementen wird zuerst ein Schalen-Modell der Einhüllenden mit der Außenkontur des Ausgangsmodells erstellt. Davon wird ein vereinfachtes Modell abgeleitet, das sich nur noch grob an der Kontur des Motors orientiert.

Sowohl am Modellmotor als auch am Verbrennungsmotor sind sechs Referenzpunkte festgelegt. Anhand dieser sechs Punkte ist es möglich, das Berechnungsnetz für die Simulation in das Koordinatensystem der Messungen zu transformieren.

3.3.2 PCA der Messsignale

Schallfelder um ausgedehnte Quellen setzten sich meist aus den Anteilen kohärenter, inkohärenter Quellen zusammen. Sowohl NAH als auch I-BEM setzen kohärente Schallfelder voraus. Um die gemessenen Schalldrücke für NAH und I-BEM nutzen zu können werden sie einer *Principal-Component*-Analyse (PCA) unterzogen. Eine grundsätzliche Beschreibung der Methode findet sich bei Otte [OTT88]. Die PCA besteht primär aus einer orthogonalen Transformation der Ausgangsvariablen in eine Menge neuer, unkorrelierter Variablen, *Principal-Components* genannt. Diese sind Linearkombinationen der ursprünglichen Variablen, wobei versucht wird, mit möglichst wenigen Komponenten die Originale zu reproduzieren [RIN03]. Die Schallfeldbeschreibung setzt sich nun aus den Beiträgen mehrerer inkohärenter Quellen zusammen. Einige Gittermikrofone werden als Referenzsensoren ausgewählt. Die Anzahl der Referenzen begrenzt die Zahl der *Principal Components.* Die Beschreibung des Schallfelds durch *Principal Components* wird aus den gemessenen Auto- und Kreuzspektren zu den Referenzen ermittelt [HAL89]. Die Kreuzspektren kombinieren die Informationen aus den gemessenen Schalldrücken an den einzelnen Messmikrofonen im Gitter und den Referenzsignalen. Für die nachfolgenden Untersuchungen am Modell- und Verbrennungsmotor werden ausschließlich Signale der Messmikrofone als Referenzsignale verwendet. Die PCA zerlegt das Schallfeld in eine Reihe von Teilschallfeldern, von denen jedes kohärent zu einer Principal Component ist. Alle untereinander sind aber absolut inkohärent.

Die Berechnungen der NAH oder der I-BEM werden für jedes Teilschallfeld einzeln durchgeführt. Die Ergebnisse der inkohärenten Teilschallfelder werden durch energetische Superposition zum Ergebnis des Gesamtschallfeldes zusammengesetzt.

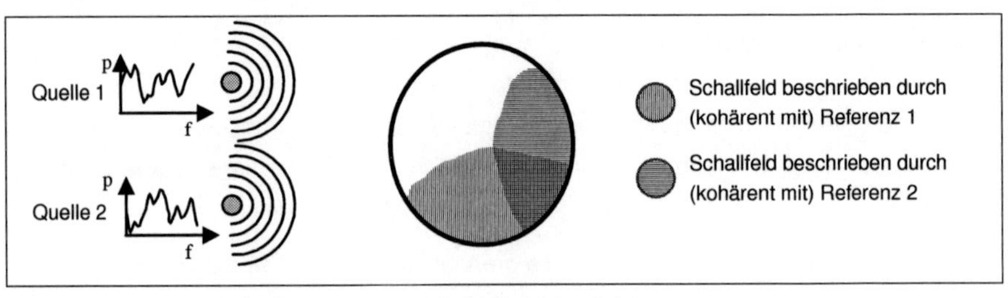

Abb.3.9: Schallfeld als Summe kohärenter Teilschallfelder

Da dieses Vorgehen stationäre Signale voraussetzt, können die Berechnungen am Verbrennungsmotor nur bei konstanten Drehzahlen vorgenommen werden.

Der Vergleich der gemessenen Schalldrücke an den Mikrofonen im Messgitter mit den Schalldrücken, die aus der Zerlegung des Schallfeldes in seine *Principal-Components* resultieren, wird zur Validierung der Güte der neuen Feldbeschreibung herangezogen (Abb. 3.10 re. und 3.11 re.).

In Abbildung 3.10 wird die Ermittlung der *Principal-Components* exemplarisch am Modellmotor mit einer bekannten Anzahl unabhängiger Quellen dargestellt. Alle sechs internen Quellen des Modellmotors werden mit inkohärentem weißem Rauschen von gleicher Lautstärke betrieben. Aus der Gruppe der 13 ausgewählten möglichen Referenzsignale zeichnen sich sechs Signale deutlich ab. Die Signale dieser sechs Signale werden als Referenzen für die Beschreibung des Schallfeldes durch *PC* verwendet. Abbildung 3.10 zeigt, dass keines der sechs Autospektren der *PCs* deutlich niedriger ist als die der anderen fünf. Das ist ein Beleg dafür, dass alle sechs Komponenten zur Rekonstruktion des Schallfelds benötigt werden.

Der exemplarische Vergleich zwischen dem aus den sechs Komponenten rekonstruierten Autospektrum des Schalldrucks an einem Einzelmikrofon mit dem gemessenen Signal, zeigt über den gesamten Frequenzbereich eine sehr gute Übereinstimmung (Abb. 3.10 re.). Daher kann davon ausgegangen werden, dass die Eigenschaften des Schallfelds auch nach der Zerlegung erhalten geblieben sind.

Die Bestimmung der Anzahl der *PC* hat gerade im Bezug auf eine vereinfachte Quellenbeschreibung von Verbrennungsmotoren eine große Bedeutung. Anders als bei dem Modellmotor kennt man bei einem realen Verbrennungsmotor Anzahl und Ort der unabhängigen Quellen nicht im Voraus.

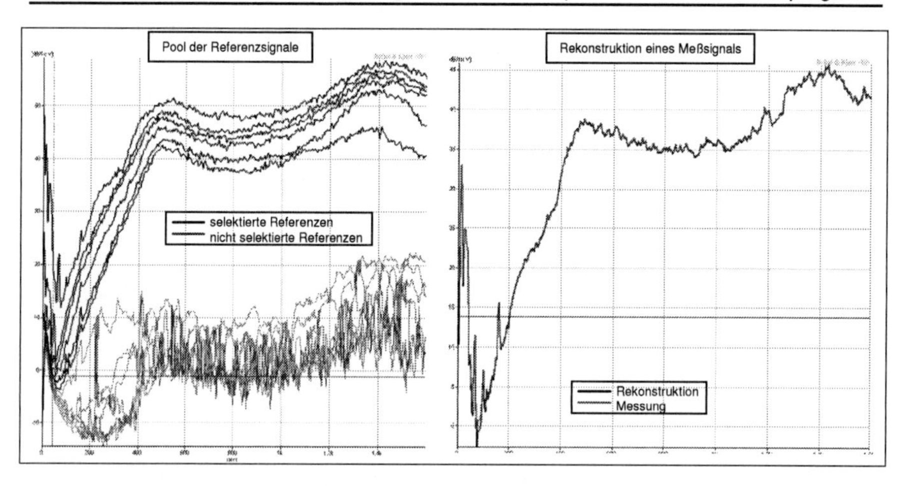

Abb. 3.10: Auswahl der PC aus den Kandidaten am Modellmotor und Rekonstruktion eines Messsignals bei Anregung mit inkohärentem Rauschen an sechs Schallquellen

In Abbildung 3.11 wird die Ermittlung der *Principal-Components* am Verbrennungsmotor exemplarisch bei einer Motordrehzahl von 4140 min^{-1} dargestellt.

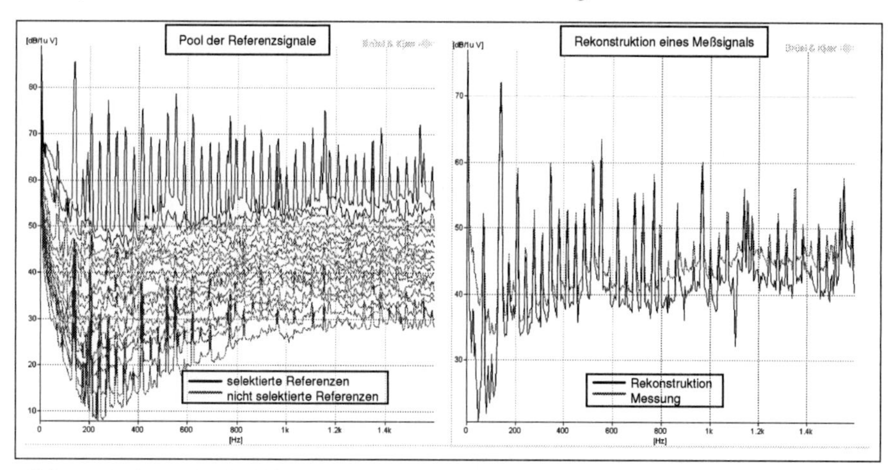

Abb. 3.11: Auswahl der PC aus den Kandidaten am Verbrennungsmotor und Rekonstruktion eines Messsignals aus zwei *Principal-Components*

Es ist zu sehen, das es ein Signal gibt, dass sich deutlich von allen anderen dadurch unterscheidet, das es sehr stark von den einzelnen Motorordnungen dominiert wird. Neben dem strengen Ordnungsmuster fällt auf, das in den Frequenzbändern der einzelnen Ordnungen die Pegel um mehr als 15 dB über denen der anderen Signale liegen. Alle anderen Signale liegen mit ihren Autospektren sehr nah beieinander. Schuhmacher [SCH03-I] hat gezeigt, dass für die Rekonstruktion des Schallfeldes des in dieser Arbeit verwendeten Motors, an einem Ort und bei einer Frequenz *Principal-Components* ausreichen. Für die folgenden Prognosen am Verbrennungsmotor sind bis zu sechs *Principal-Components* verwendet worden, um das Schallfeld über das gesamte betrachtete Frequenzband an allen betrachteten Positionen mit einem Datensatz berechnen zu können. Wie bei dem Modellmotor zeigt der Vergleich zwischen dem aus den Komponenten rekonstruierten Autospektrum des Schalldrucks an einem Einzelmikrofon, mit dem gemessenen über den gesamten Frequenzbereich, eine gute Übereinstimmung (Abb. 3.11 re.).

3.4 Prognose auf Basis der mit I-BEM ermittelten Schallquellen

Im Folgenden sind die Ergebnisse der Prognosen am Modellmotor und am Verbrennungsmotor dargestellt. Für den Modellmotor wird die Verteilung der errechneten Oberflächenschnellen der Einhüllenden mit den Positionen der Schallöffnungen verglichen. Für den Verbrennungsmotor sind die mit I-BEM ermittelten Intensitäten denen der NAH gegenübergestellt.

3.4.1 Ergebnisse der Prognosen am Modellmotor

Die berechnete Anregungsverteilung auf der Einhüllenden zeigt im Frequenzbereich von 200 Hz bis 1600 Hz eine gute Übereinstimmung zwischen den Gebieten hoher Schnelle (rote Färbung) und den durch die schwarzen Rechtecke markierten Schallöffnungen. In Abb. 3.12 ist exemplarisch die berechnete Schnelle bei 900 Hz auf der Einhüllenden, bei Anregung aller Quellen mit kohärentem weißem Rauschen dargestellt.

Unterhalb von 100 Hz erzeugen die Schallquellen keinen ausreichenden Schallfluss. Die räumliche Auflösung verbessert sich mit zunehmender Frequenz (vergl. Kap. 2.1.3).

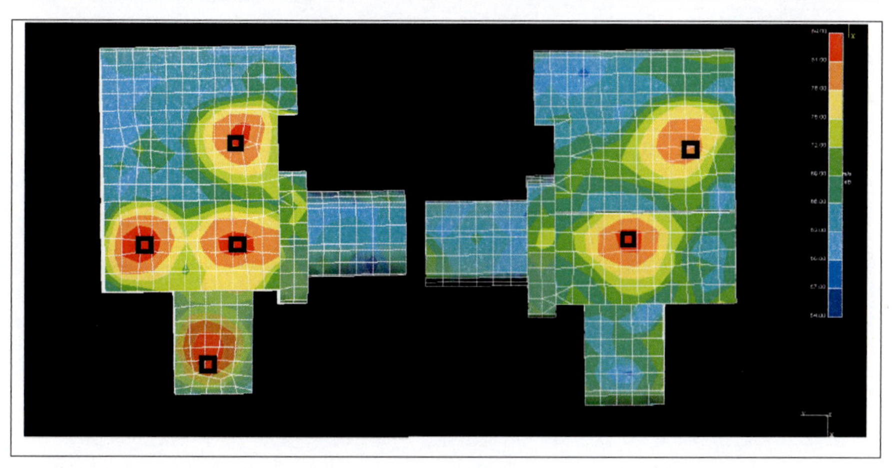

Abb. 3.12: Berechnete Schnelleverteilung bei 900 Hz auf der Einhüllenden bei Anregung aller Quellen mit kohärentem Rauschen

Der Vergleich der mittleren gemessenen und berechneten Schalldrücke aller Mikrofone im Messgitter, für die Anregung mit nicht kohärentem und kohärentem Rauschen, ist in 3.13 dargestellt. Sowohl bei kohärenten als auch bei nicht kohärenten Signalen als Anregungssignal, stimmen die Kurven von Messung und Rechnung gut überein.

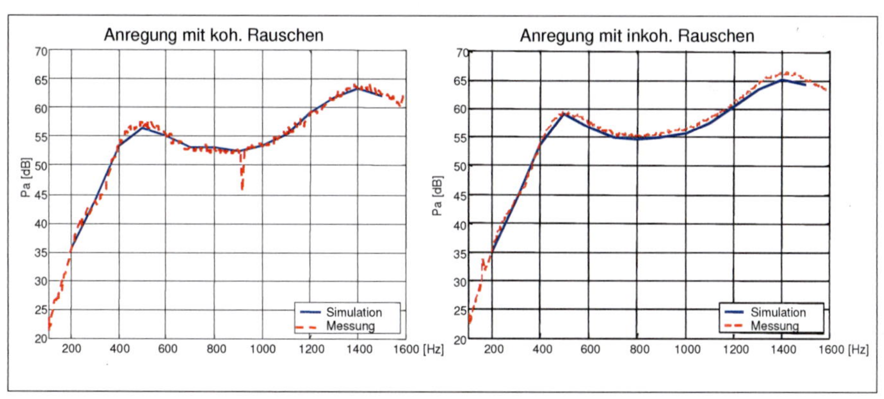

Abb. 3.13: Vergleich zwischen gemessenem und mit I-BEM berechnetem mittlerem Schalldruck alle Gittermikrofone

In Abbildung 3.14 sind die berechneten und gemessenen Schalldrücke an jeweils zwei Prognoseorten dargestellt. Da die Übereinstimmung der mittleren gemessenen und berechneten Schalldrücke aller Mikrofone im Messgitter für die Anregung mit nicht kohärenten und kohärentem Rauschen in beiden Fällen gut übereinstimmen, muss die

Ursache für die Unterschiede in der Übertragungsstrecke zwischen dem Messgitter und den Prognose-Mikrofonen liegen.

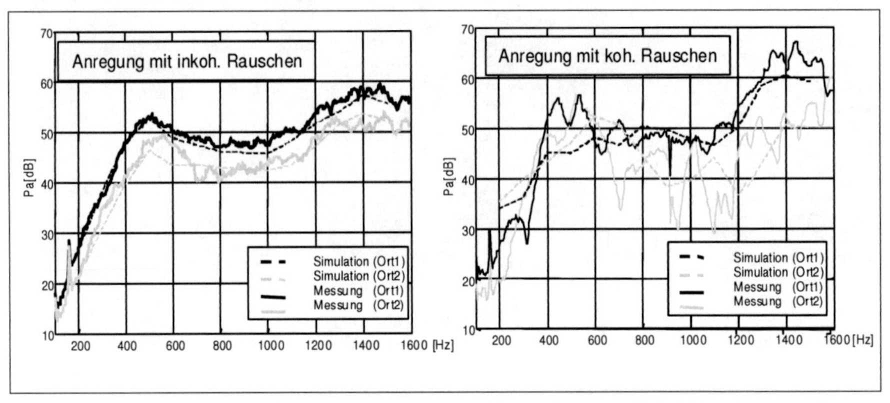

Abb. 3.14: Vergleich zwischen gemessenem und berechnetem Schalldruck an zwei Prognoseorten bei Anregung mit kohärentem und nicht inkohärentem Rauschen

Ein Grund für die großen Unterschiede zwischen Messung und Rechnung bei kohärenter Anregung ist, der nicht mit Absorbtionsmaterial ausgelegte Gitterboden. Das ruft Reflektionen und Auslöschungen hervor die bei der Simulation, die von idealen Randbedingungen, d.h. Freifeldbedingungen ausgeht, nicht berücksichtigt werden. Eine Charakterisierung des Gitterbodens im Berechnungsmodell wäre sehr aufwendig. Zusätzlich würde die Anzahl zusätzlicher Elemente die Berechnungsdauer in die Höhe treiben.

3.4.2 Ergebnisse der Prognosen am Verbrennungsmotor

Die Untersuchungen am Modellmotor zeigen, dass mittels I-BEM die Oberflächenschnelle auf der Einhüllenden des Modellmotors ermittelt werden kann. Mit dieser wird die Prognose des Schalldrucks in der Umgebung durchgeführt. Im folgenden Abschnitt wird das gleiche Vorgehen an einem Verbrennungsmotor verifiziert. Abbildung 3.15 zeigt ein bei Volllast aufgenommenen Campbell-Diagramm des Schalldrucks am einem Prognosemikrofon. Anhand der Autospektren bei unterschiedlichen Drehzahlen wurden verschiedenen Drehzahlen ausgewählt, für die einen Prognose durchgeführt wurde. In dieser Arbeit werden exemplarisch Ergebnisse für die drei markierten Drehzahlen vorgestellt.

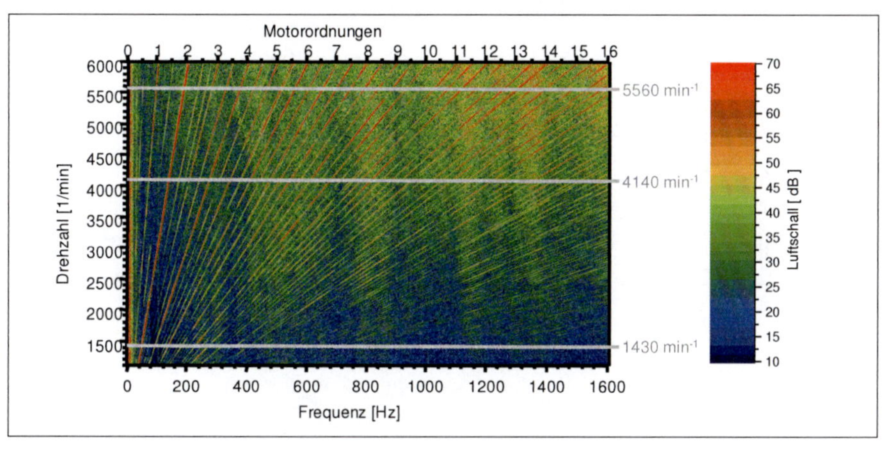

Abb. 3.15: Campbell-Diagramm des Schalldrucks an einem Prognosemikrofon mit den für die Prognose ausgewählten Drehzahlen (graue Linien)

Die aus den mit I-BEM ermittelten Oberflächenschnellen berechneten Schalldrücke an dem Prognosemikrofon zeigen in Abb. 3.16 eine gute Übereinstimmung mit den Messungen. Um Rechenzeit zu sparen, sind die Prognosen nur für die in Abb. 3.16 durch einen Kreis gekennzeichneten Frequenzen durchgeführt worden.

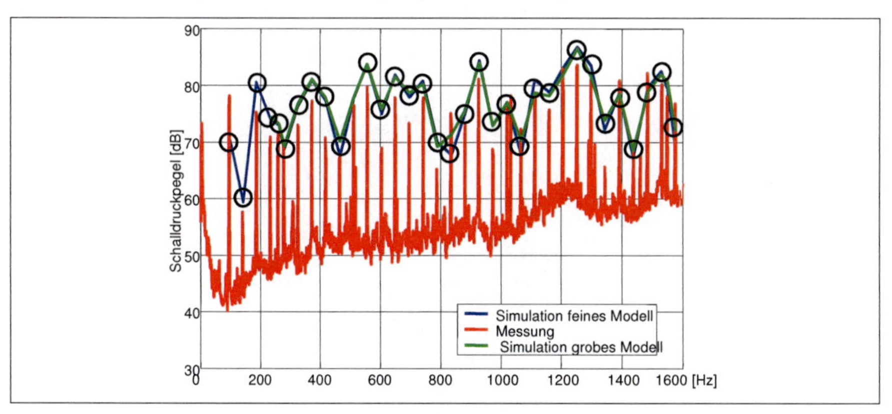

Abb. 3.16: Vergleich der Autospektren des gemessenen und berechneten Schalldrucks an einem Prognosemikrofon für zwei unterschiedliche Einhüllende; Motordrehzahl n_{mot}= 5560 min^{-1}

Da sich ein Teil der Abgasanlage und des Katalysators zwischen Messgitter und Prognosemikrofon und damit außerhalb des Messgitters befindet, wird der dort abgestrahlte Schall bei der Berechnung der Oberflächenschnelle, und damit auch bei der Prognose, nicht berücksichtigt. Für die zweite Motorordnung ergibt sich dadurch eine Differenz von ca. 8 dB zwischen Messung und Prognose. Mit dem vereinfachte Modell der Einhüllenden, dass sich nur noch grob an der Kontur des Motors orientiert, lassen sich bei einer ca. 60 Prozent geringeren Knotenzahl und einer dadurch deutlich kürzeren Berechnungsdauer, beinahe ebenso gute Ergebnisse für den prognostizierten Luftschall am Prognosemikrofon berechnen, wie sie mit dem detaillierten Modell zu erhalten sind. Das vereinfachte Modell der Einhüllenden kann nicht mehr zur Lokalisierung von Teilschallquellen am Motor verwendet werden, da aufgrund der vereinfachten Geometrie keine Zuordnung zwischen den Orten hoher Oberflächenschnellen auf der Einhüllenden, und dem tatsächlichen Ort der Anregung auf der Motorstruktur möglich ist. Für eine vereinfachte Beschreibung der akustischen Anregung durch den Motor ist es dennoch gut zu verwenden und liefert bei der Prognose nahezu die gleichen Ergebnisse wie das deutlich aufwendigere Modell.

Ergebnissen von I-BEM und NAH im Vergleich

Die mit I-BEM und NAH ermittelten aktiven Intensitäten sind in Abbildung 3.17 exemplarisch bei einer Frequenz von 896 Hz und einer Motordrehzahl von 4140 U/min für die Vorder- und die Unterseite dargestellt.

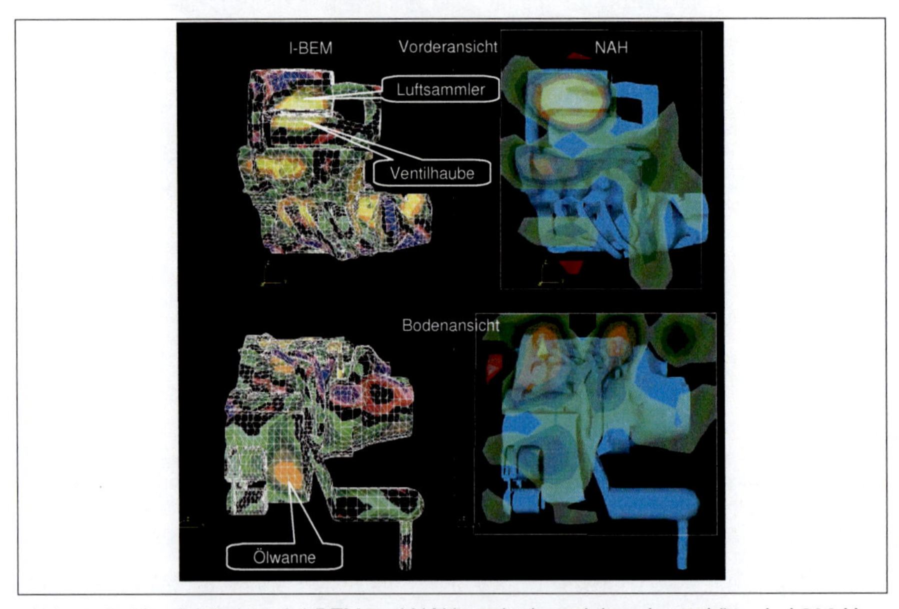

Abb. 3.17: Vergleich der mit I-BEM und NAH ermittelten aktiven Intensitäten bei 896 Hz, 13. MO, 4140 min^{-1}

Während sich mit NAH großflächige Gebiete mit hoher Intensität ermitteln lassen, gelingt es mit I-BEM eine Vielzahl von Gebieten mit hoher Intensität zu ermitteln, die eng beieinander liegen und die von der NAH nicht ausreichend aufgelöst werden. Beispielhaft dafür ist der Bereich um den Luftsammler. Die NAH-Ergebnisse auf der Vorderseite zeigen ein Gebiet hoher Intensitäten im Bereich des Luftsammlers und eine lokale Erhöhung an der Ventilhaube. Das Ergebnis am Luftsammler findet ist bei den I-BEM Ergebnissen ebenfalls zu finden. Allerdings gibt es zusätzlich eine Vielzahl anderer Orte mit hohen Intensitäten und damit potentiellen Orten für äquivalente Quellen, die von der NAH nicht lokalisiert werden.

Damit zeigt sich, dass I-BEM im Gegensatz zu NAH gut zur Quellensuche bei unebenen Objekten eingesetzt werden kann. Die schnelle und einfacher anzuwendende NAH ist zur Bildung von Ersatzmodellen mit äquivalenten Quellen im Unterschied zu I-BEM nicht geeignet.

3.5 Prognose mit äquivalenten Schallquellen

Die Schallabstrahlung eines Motors setzt sich zusammen aus einer Kombination von lokalen Quellen (Lichtmaschine, Klimakompressor, Ansaugöffnung), mit einer Charakteristik ähnlich der von Punktschallquellen, diese sind gut durch äquivalente Quellen abzubilden, und verteilten, flächenhaften Strahlern (z.B. Ölwanne, Kurbelgehäuse, Ventilhaube), deren Abbildung komplizierter ist.

Die einzelnen Schritte zur Durchführung von Prognosen mit äquivalenten Quellen sind in Abbildung 3.1 dargestellt. Die Punkte 1 und 2 des Ablaufplans wurden in den vorangegangenen Abschnitten erläutert. Im Folgenden wird daher nur noch auf die Punkte 3 bis 5 eingegangen. Diese beinhalten die Bestimmung der Quellorte, die Ermittlung der Quellstärke und die abschließende Prognose des Schalldrucks im Fernfeld.

3.5.1 Bestimmung äquivalenter Quellen

Als Ergebnis der I-BEM-Rechung erhält man den bereits aus der Messung bekannten Schalldruck in der Messebene, die Schnelle an jedem Knoten der Einhüllenden des Berechnungsmodells, sowie die aktive und reaktive Intensität.

In einem zusätzlichen Programm werden Position und Stärke der äquivalenten Quellen auf der Einhüllenden festgelegt. Das Modell der äquivalenten Quellen besteht aus der Einhüllenden, auf deren schallharter Oberfläche Punktschallquellen verteilt werden (Abb. 3.18).

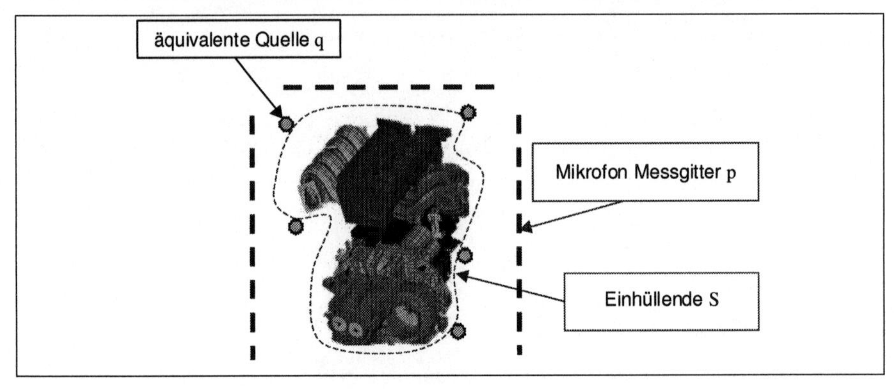

Abb. 3.18: Schematische Darstellung eines Modells mit äquivalenten Quellen

Die Anzahl der äquivalenten Quellen und ihre Position muss für jede untersuchte Frequenz neu berechnet werden. Aus der Schnelleverteilung oder der Verteilung der aktiven Intensität auf der Einhüllenden, die mit I-BEM berechnet wird, wird automatisch nach lokalen Maxima gesucht.

Für die Suche werden drei Kriterien aufgestellt:

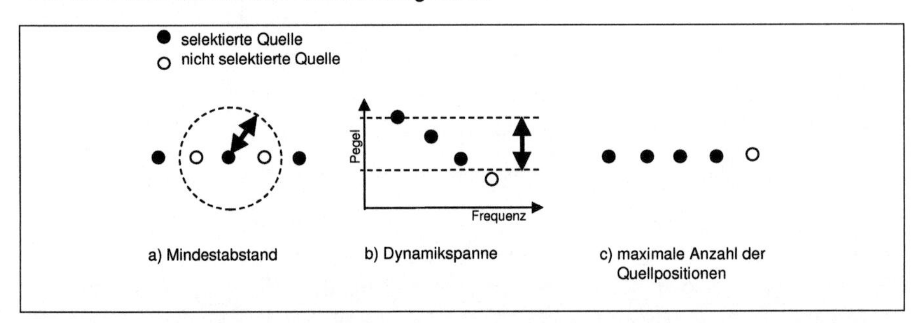

Abb. 3.19: Kriterien für die Positionsbestimmung äquivalenter Quellen [BRU03-II]

Es muss ein festgelegter Abstand zwischen zwei benachbarten Maxima eingehalten werden (3.19 a)). Es werden nur die Maxima erfasst, deren Pegel nicht unter einer vorher festgelegten Schwelle, bezogen auf das globale Maximum, liegt. Die Schwellenhöhe wird als Dynamikspanne bezeichnet und ist ein Abbruch-Kriterium für die Suche (3.19 b)). Die Suche wird beendet, sobald ein Spitzenwert mehr als den durch die Dynamikspanne festgelegten Wert unter dem größten globalen Spitzenwert liegt. Die Suche nach Maxima wird auch dann abgebrochen, wenn die angegebene maximale Anzahl der äquivalenten Quellen erreicht ist (3.19 c)).

Sind die Positionen der äquivalenten Quellen festgelegt, kann die Berechnung ihrer Quellstärke beginnen. Dazu werden die äquivalenten Quellen auf dem Modell der schallharten Einhüllenden positioniert. Mit einer BEM-Rechnung wird die Übertragungsmatrix $\mathbf{H}_{\text{äq}}$ berechnet, die das Verhältnis zwischen dem gemessenen Schalldruck $\mathbf{p}$ im Messgitter und dem unbekannten Schallfluss $\mathbf{q}$ beschreibt.

$$\mathbf{p} = \mathbf{H}_{\text{äq}}\mathbf{q} \qquad 3.1$$

Mit Hilfe der Gleichung 3.1 wird die unbekannte Quellstärke des äquivalenten Modells bestimmt. Die Validierung der berechneten Quellstärken erfolgt über den Vergleich von gemessenem und mit den äquivalenten Quellen berechnetem Schalldruck an den Messmikrofonen.

3.5.2 Ergebnisse der Prognose mit äquivalenten Quellen am Modellmotor

Im Nachfolgenden sind die Ergebnisse der Prognose des Schalldrucks für den Modellmotor mit Hilfe von äquivalenten Quellen und deren Bestimmung dargestellt. Der Modellmotor mit seinen ortsfesten Quellen, welche die Charakteristik von Kolbenstrahlern aufweisen, stellt den einfachsten Fall einer ausgedehnten Quelle für die Beschreibung durch diskrete Quellen dar. Die internen Schallquellen 1 und 5 des Modellmotors werden für die Untersuchungen einzeln mit Rauschen betrieben. Quelle 1 ist direkt auf den Gitterboden gerichtet, während Quelle 5 in eine Freifeldumgebung abstrahlt (Abb. 3.20).

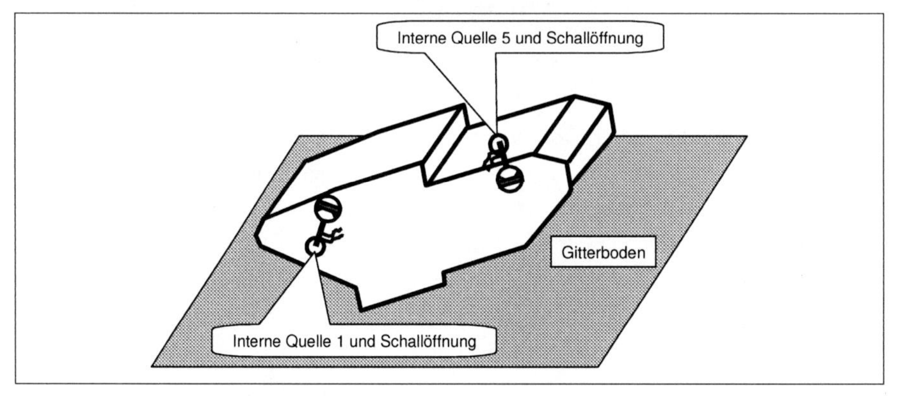

Abb. 3.20: Schematische Darstellung der Ausrichtung der internen Quellen 1 und 5

Für jede Schallöffnung des Modellmotors ist eine äquivalente Schallquelle identifiziert worden. Mit diesen wird im Gegensatz zur Prognose mit dem komplexen Schnellefeld (vgl. Kap 3.4.1), die Prognose durchgeführt. Die Parameter zur Positionsbestimmung der äquivalenten Quellen sind so gewählt, dass jede der aktiven Schallquellen durch eine äquivalente Quelle abgebildet wird. Die Anzahl der möglichen äquivalenten Quellen entspricht der Anzahl der sendenden, internen Quelle des Modellmotors. Der Mindestabstand ist etwas geringer gewählt als der kleinste Abstand der Schallöffnungen zueinander. In Abbildung 3.21 sind für die beiden unterschiedlichen Anregungsorte die ermittelten Positionen der äquivalenten Quellen in die farbkodierten Darstellung der mit I-BEM berechneten Oberflächenschnelle als rote Punkte bzw. mit schwarzen Pfeilen gekennzeichnet, exemplarisch bei einer Frequenz von 800 Hz dargestellt. Die Positionen der äquivalenten Quellen, gekennzeichnet durch rote Punkte, stimmen gut mit den Orten der Schallöffnungen der internen Quellen, gekennzeichnet durch ein schwarzes Quadrat, überein.

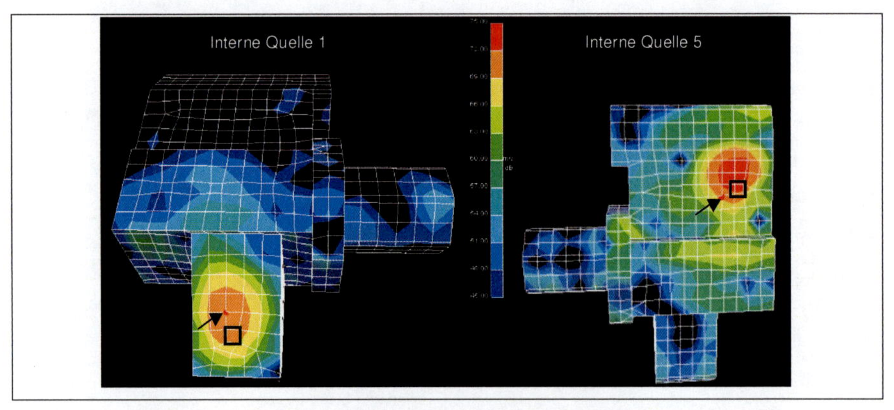

Abb. 3.21: Vergleich zwischen der mit I-BEM berechneten Oberflächenschnelle und den Positionen der äquivalenten Quellen am Modellmotor bei 800 Hz

Die aus den Schallflüssen der äquivalenten Quellen prognostizierten Schalldrücke sind in Abbildung 3.23 und 3.24 zusammen mit den gemessenen Werten für vier Prognosemikrofone dargestellt. Für den Fall das nur die interne Quelle 5 betrieben wird, ist die Übereinstimmung zwischen Messung und Rechnung für die berechneten Frequenzen gut, da die Schallöffnung von Quelle 5 auf der Oberseite des Modellmotors liegt und nicht auf den Gitterboden gerichtet ist. Die Prognosemikrofone empfangen daher fast reflektionsfreie Signale der Quelle. Sichtbar daran, dass die gemessenen Kurven relativ glatt verlaufen.

Die Qualität der Prognose für den Fall das Quelle 1 aktiv ist, ist deutlich schlechter als bei Quelle 5, da deren Schallöffnung auf den Gitterboden zeigt. Die Prognosemikrofone empfangen, neben dem Signal der Quelle, auch noch die vom Gitterboden reflektierten

Anteile. Diese Spiegelquellen befinden sich alle außerhalb des Mikrofongitters und werden deshalb bei der Ermittlung der Quellstärke nicht berücksichtigt. Der Vergleich der Prognose mit der Messung ist in Abbildung 3.24 zu sehen. Der gemessene Schalldruck liegt in weiten Frequenzbändern über dem prognostizierten Schalldruck. Die berechnete Quellstärke der äquivalenten Quelle ist zu niedrig, um den im Fernfeld gemessenen Schalldruck zu rekonstruieren. Weiterhin sind die vom Gitterboden verursachten Einbrüche zu sehen.

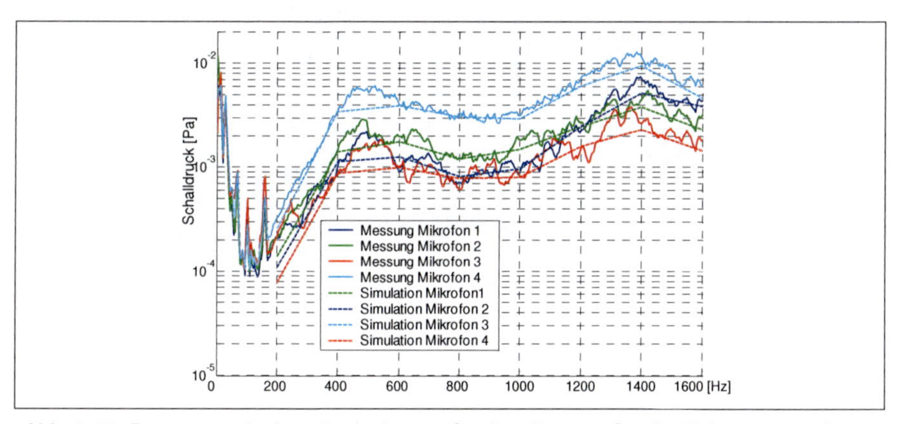

Abb. 3.23: Prognose mit einer äquivalenten Quellen (interne Quelle 5) Anregung mit Rauschen

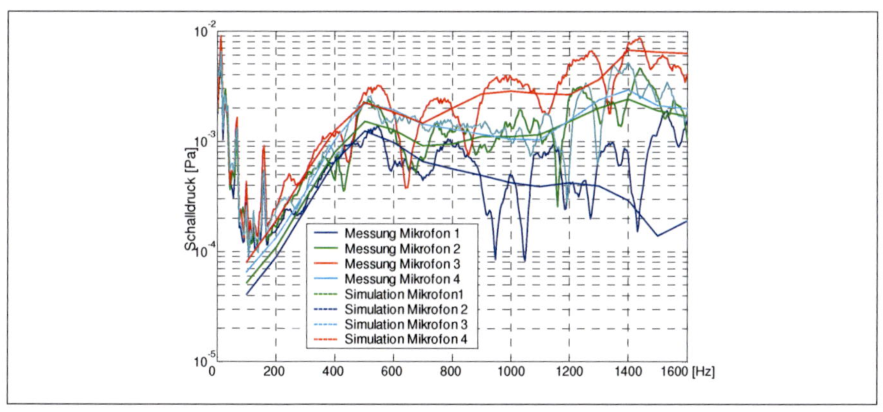

Abb. 3.24: Prognose mit einer äquivalenten Quellen (interne Quelle 1), Anregung mit Rauschen

Die ermittelten Positionen der äquivalenten Quellen für den Fall das alle sechs internen Quellen des Modellmotors mit inkohärentem Rauschen betrieben werden, sind in

Abbildung 3.25 dargestellt. Die äquivalenten Quellen, gekennzeichnet durch schwarze Pfeile, befinden sich alle in unmittelbarer Nähe der Schallöffnungen von den internen Quellen (schwarze Quadrate).

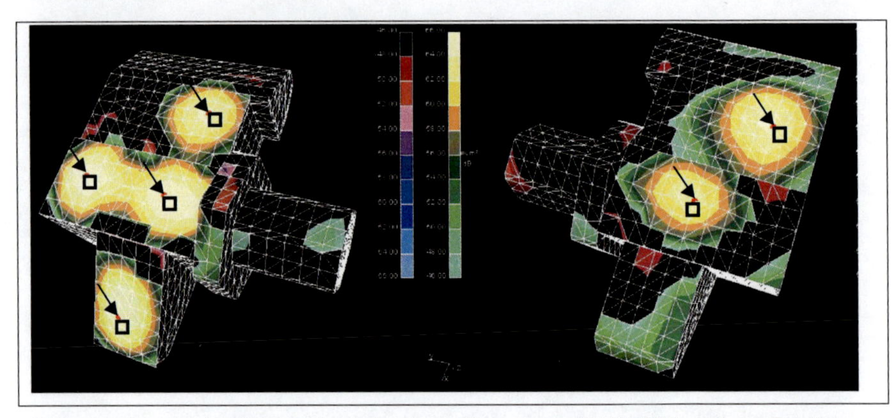

Abb. 3.25:Vergleich zwischen berechneter aktiver Intensität (I-BEM) und der Position der äquivalenten Quellen am Modellmotor bei 800 Hz bei Anregung mit inkohärentem Rauschen

Der Vergleich zwischen gemessenen und mit äquivalenten Quellen berechneten Schalldruck an den Prognosemikrofonen ist in Abb. 3.26 dargestellt. Die Ergebnisse der Prognose mit den sechs äquivalenten Quellen stimmen gut mit den gemessenen Schalldrücken überein. Der Einfluss der direkt auf den Boden gerichteten Quelle, wird von den Signalen der anderen Schallquellen überdeckt.

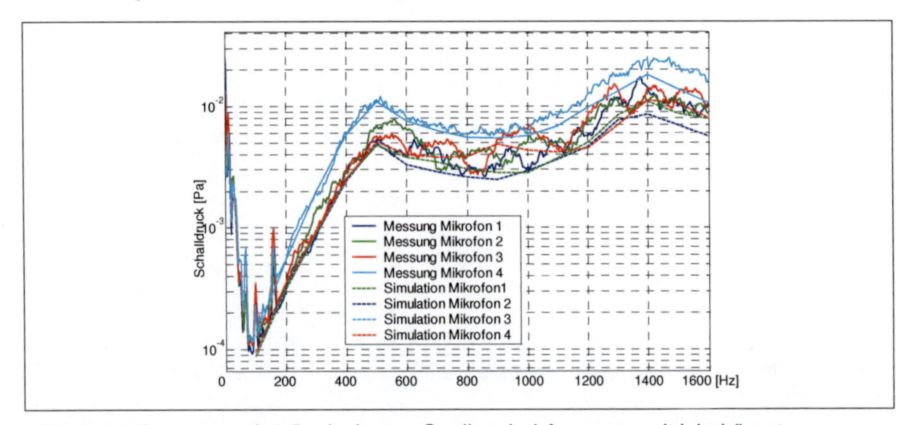

Abb. 3.26: Prognose mit 6 äquivalenten Quellen, bei Anregung mit inkohärentem Rauschen

3.5.3 Ergebnisse der Prognose mit äquivalenten Quellen am Verbrennungsmotor

Im Folgenden sind die Ergebnisse der Prognose des Schalldrucks für den Verbrennungsmotor mit Hilfe von äquivalenten Quellen dargestellt. Im Unterschied zum Modellmotor variieren bei dem Verbrennungsmotor die Positionen der lokalen Quellen für unterschiedliche Frequenzen. In Abbildung 3.27 sind die ermittelten Quellpositionen (schwarze Pfeile) und die mit I-BEM errechnete aktive Intensität für die Frequenz von 904 Hz bei einer Motordrehzahl von 1430 min^{-1} dargestellt. Als Orte hoher Intensitäten sind die Ölwanne , der Luftsammler, der Katalysator und die Kupplungsglocke auszumachen.

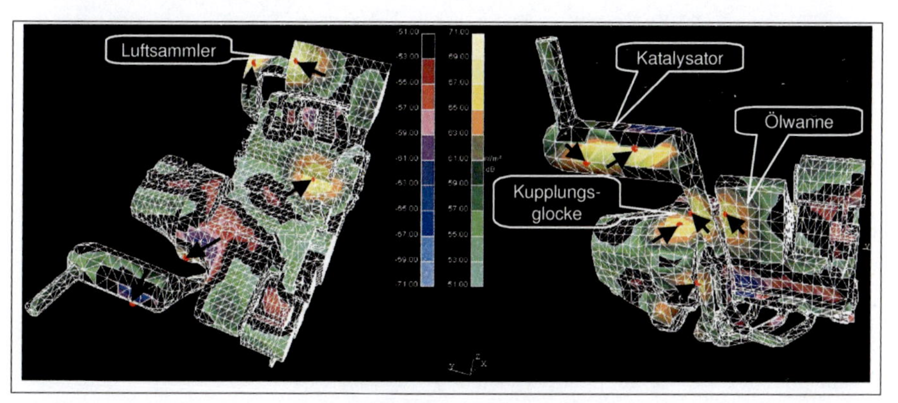

Abb. 3.27: Aktive Intensität und ermittelte Quellpositionen am Verbrennungsmotor, ausgewertet bei 904 Hz (38.MO) und n_{Mot}= 1430 min^{-1}

Betrachtet man die berechneten Positionen äquivalenter Quellen am Verbrennungsmotor für mehrere Frequenzen in Abbildung 3.28 stellt man fest, dass sowohl Position als auch Anzahl der äquivalenten Quellen in Abhängigkeit von der Frequenz variieren.

Das Ziel bei der Anwendung äquivalenter Quellen ist es, mit einer endlichen Anzahl von ortsfesten äquivalenten Quellen, die Prognose durchzuführen. Nur dann können berechnete Quellstärken mit gemessenen oder berechneten Luftschall-Übertragungsfunktionen verknüpft werden, um das Schallfeld einer, einmal im Freifeld quantifizierten Quelle, in unterschiedlichen Umgebungen prognostizieren zu können.

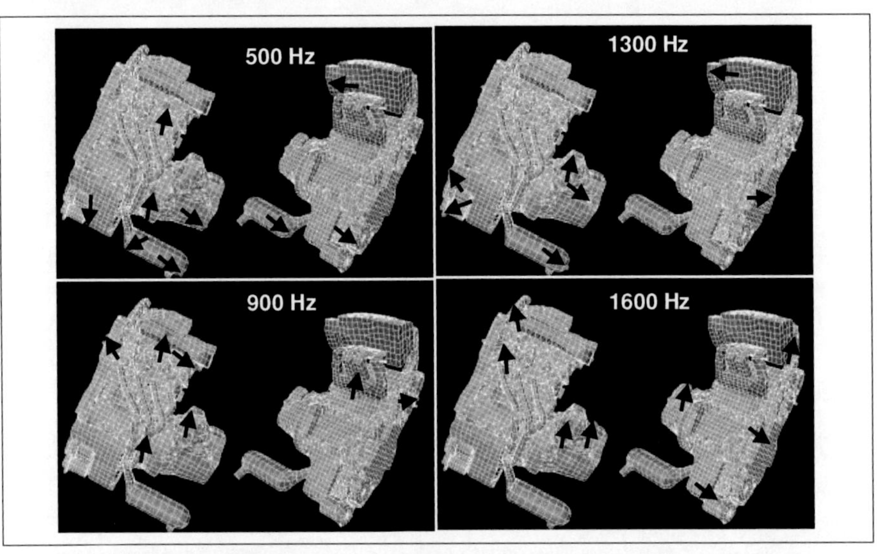

Abb. 3.28: Positionen der äquivalenten Quellen am Verbrennungsmotor bei unterschiedlichen Frequenzen, n_{Mot}= 5560 min^{-1}

Die Prognoserechnungen für den Schalldruckpegel in Abb. 3.29 sind mit 48 und 14 äquivalenten Quellen durchgeführt worden. Um Positionen und Anzahl der zu verwendenden Monopole zu bestimmen, wurden für alle zu berechnenden Frequenzen die Positionen der äquivalenten Quellen und die Schnelleverteilung auf der Einhüllenden ausgewertet (siehe Abbildung 3.28). Die am häufigsten vorhandenen Quellpositionen bzw. Orte hoher Oberflächenschnelle, sind als Koordinaten für die Platzierung der äquivalenten Quellen ausgewählt worden. Aus diesen 48 Quellpositionen sind, in Anlehnung an die Mikrofonverteilung bei der Schallfluss-Abschätzung am Verbrennungsmotor (siehe Kapitel 5), vierzehn Positionen, also zwei pro Messgitter ausgewählt worden.

Der Vergleich der gemessenen und mit äquivalenten Quellen prognostizierten Schalldruckpegel ist in Abbildung 3.29 dargestellt. Die Prognose mit 48 ortsfesten äquivalenten Quellen stimmt bis ca. 1100 Hz gut mit der Messung überein. Bei nur noch 14 Quellen wird nur bis ca. 700 Hz eine gute Übereinstimmung erreicht.

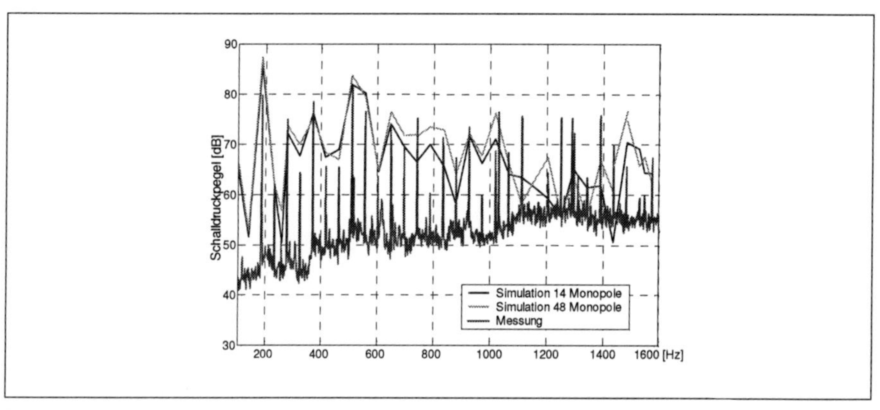

Abb. 3.29: Prognose des Schalldruckpegels am Verbrennungsmotor mit 14 bzw. 48 äquivalenten Quellen bei einer Motordrehzahl von n_{Mot}=5560 min^{-1}

Die Abstrahlung einer komplexen Quelle mit wechselnden Orten der Anregung, wie sie ein Verbrennungsmotor darstellt, ist mit ortsfesten äquivalenten Quellen mit den hier vorgestellten Methoden nicht zufrieden stellend zu prognostizieren. Es gibt verschiedene Gründe für die vorhandenen Unterschiede. Größere, abstrahlende Teile der Motoroberfläche (flächenhaft Strahler), lassen sich nicht gut durch einen einzelnen Punktstrahler auf der Oberfläche der Einhüllenden abbilden. Ein weiterer Grund ist darin zu sehen, dass die Übertragungsfunktionen zu den jeweiligen Positionen der äquivalenten Quellen auf den Teilflächen des Motors eine starke Ortsabhängigkeit besitzen (vgl. Abb. 6.25 in Kap. 6.2.1). Eine Möglichkeit die Übereinstimmung zwischen Prognose und Messung zu verbessern ist es, die Anzahl der verwendeten äquivalenten Quellen weiter zu erhöhen. Eine Verknüpfung mit gemessenen Luftschall-Übertragungsfunktionen kann nur dann sinnvoll eingesetzt werden, wenn der Aufwand zur Messung der Übertragungsfunktionen in Grenzen gehalten wird, also mit möglichst wenigen Punktstrahlern gearbeitet werden kann.

4 Vorschlag für ein alternatives Konzept zur Prognose des Luftschallanteils am Motorengeräusch

Zur Prognose des Luftschallanteils am Motorengeräusch benötigt man eine Beschreibung des Motors als sendende Schallquelle und eine Charakterisierung der Luftschall-Übertragungsstrecke von der Quelle bis zum Prognoseort. Das im Rahmen dieser Arbeit erweiterte Konzept für die Prognose der Schallabstrahlung eines Motors zu einem Empfangsmikrofon im Pkw-Innenraum basiert auf der in Kapitel 2.2 vorgestellten Transferpfad-Methode. Es beinhaltet ein messtechnisches Verfahren zur Abschätzung des Schallflusses im Motorbetrieb und eine darauf basierende Methode zur Prognose des motorischen Anteils des Innengeräusches, das mit einfacher akustischer Messtechnik auskommt.

Andere Verfahren beruhen auf der Ermittlung der Oberflächenschnellen. Für die Ermittlung der Schnelle auf der Motoroberfläche werden in der Literatur verschiedene Vorgehensweisen diskutiert. Bei Seybert [SEY98] wird ein Verfahren vorgestellt, bei dem auf der Motorstruktur Beschleunigungsaufnehmer angebracht werden. Aus den gemessenen Beschleunigungen werden die Schwingschnellen ermittelt, die als Eingangsgrößen für eine BEM-Rechnung verwendet werden. Die Anzahl der verwendeten Messpunkte ist sehr groß, so dass die Untersuchungen auf einzelne Bauteile beschränkt werden. Eine andere Möglichkeit, die Oberflächenschnelle zu ermitteln besteht darin, die Strukturoberfläche mit einem Laservibrometer abzutasten. Die Messung mit einem Laservibrometer erfordert die direkte Zugänglichkeit der Struktur und eine für die Messungen vorbereitete Oberfläche. Dadurch ist der Einsatz von Lasermessungen auf gut zugängliche, flächige Bauteile, wie z.B. Ölwannen beschränkt. Außerdem kann der Motor durch die sequentielle Abtastung der einzelnen Messpunkte nur in stationären Betriebszuständen vermessen werden. Bei Dittmar [DIT03] wird ein hybrides Verfahren vorgestellt, bei dem Messungen, FEM- und BEM-Rechnungen kombiniert werden, um so die Schallabstrahlung einer Ölwanne zu ermittelt. Dabei werden die an den Schnittstellen zwischen Ölwanne und Kurbelgehäuse gemessenen Kräfte als Anregungsgrößen für die FEM-Rechnung verwendet mit der die Oberflächenschnellen berechnet werden. Anschließend wird eine Abstrahlungsrechnung mit BEM durchgeführt.

Bei dem hier vorgestellten Konzept ist die Ermittlung des Schallflusses der erste Schritt in der in Abbildung 4.1 dargestellten Prognosekette. Dazu werden die Betriebs-Schallflüsse Q_i der Teilschallquellen auf dem Aggregateprüfstand bei

Freifeldbedingungen und vereinfachter Abstrahlbedingungen ermittelt. Im zweiten Schritt werden die umgebungsspezifischen Luftschall-Übertragungsfunktionen GF_{ij} von den Teilschallquellen zum Prognosemikrofon j ermittelt. Sie beschreibt die Beziehung zwischen der Antwort p einer Übertragungsstrecke bei einer bekannten Anregung Q. Als drittes folgt die Berechnung der Betriebs-Schalldruckanteile p_{ij} der Teilschallquellen am Zielmikrofon. Das resultierende motorische Gesamtgeräusch wird durch Addition der Teilbeiträge ermittelt.

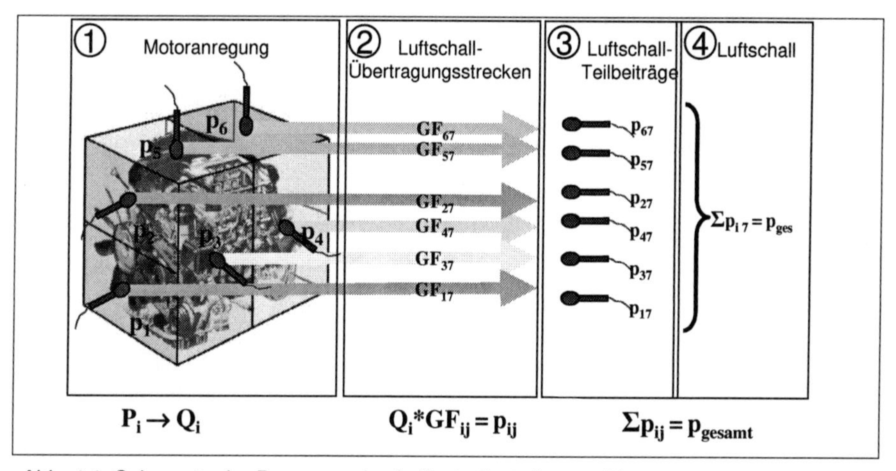

Abb. 4.1: Schemata der Prognose des Luftschallanteils vom Motor zum Prognosemikrofon

Die dieser Methode zugrunde liegende Annahme ist, dass die den Schall abstrahlende Oberfläche des Motors nicht von der umgebenden Berandungen beeinflusst wird. Es muss Rückwirkfreiheit für die Oberflächenschnelle vorliegen.

Ein derartiges Verfahren kann zur Optimierung des vom Motor erzeugten Fahrzeuginnengeräuschs, durch gezielte Maßnahmen am Motor eingesetzt werden. Ausgehend von Messungen auf einem Motorenprüfstand können die Auswirkungen einer Modifikation am Motor im Fahrzeug abgeschätzt werden, ohne dass der Motor in ein Fahrzeug eingebaut werden muss.

Die Methoden zur Abschätzung der Motoranregung, sowie die Grundlagen zur Bestimmung der Luftschall-Übertragungsfunktionen, werden in den anschließenden Abschnitten behandelt. Die Ergebnisse der vorgestellten Methode zur Abschätzung der Motoranregung (Schallfluss) werden in Kapitel 5 vorgestellt. Die Ergebnisse der unterschiedlichen Methoden zur Ermittlung der Luftschall-Übertragungsfunktionen, und die damit erzielten Prognoseergebnisse, werden in Kapitel 6 behandelt.

Im Folgenden sind die theoretischen Grundlagen des erarbeiteten Verfahrens zur Abschätzung des Schallflusses, aus der indirekt gemessenen Schallleistung mit vereinfachenden Annahmen, und die Verknüpfung mit Luftschall-Übertragungsfunktionen dargestellt.

Die Oberfläche eines Motors wird, wie in Abbildung 4.1 dargestellt, in A_i Teilflächen aufgeteilt. Jeder Teilfläche wird einen Monopolstrahler zugeordnet. Die abgestrahlte Schallleistung P_i bestimmt sich zu

$$P_i = \frac{\pi}{2c} \cdot \rho_0 \cdot f^2 \cdot Q_i^2 \cdot R_i , \qquad 4.1$$

wobei R_i der Strahlungsresistenzfaktor ist, c und ρ die Schallgeschwindigkeit und Dichte der Luft beschreiben.

Wie in Kapitel 2.1.1 bereits gezeigt, lässt sich die Schallleistung aus dem Produkt von Intensität I_i und Fläche A_i zu

$$P_i = \int_A I_i dA \qquad 4.2$$

bestimmen. Die Gleichung zur Ermittlung der Schallflüsse Q_i, aus der unmittelbar über den Teilflächen gemessenen Intensität bestimmt sich damit nach Zheng [Zhe94] zu

$$Q_i = \sqrt{\frac{2c \cdot P}{\pi\rho \cdot f^2 \cdot R}} . \qquad 4.3$$

Der Strahlungsresistenzfaktor beschreibt das Verhältnis der Abstrahlwiderstände zwischen einer Punktquelle auf der Oberfläche einer Struktur, zu dem einer Quelle im Freifeld. Durch Messungen wurde von Zheng [ZHE94] gezeigt, dass für Quellen in der Mitte einer Fläche, wie dies für die im Rahmen dieser Arbeit vorgenommenen Abschätzung der Fall ist, der Wert für R um 2 schwankt.

Die Messungen werden auf einem Geräuschprüfstand mit absorbierender Auskleidung vorgenommen, so dass näherungsweise von Freifeldbedingungen ausgegangen werden kann. Bei Ausbreitung einer ebenen Welle im Freifeld, erhält man ein Schallfeld mit ausschließlich aktiven Anteilen. Die Intensität kann unter diesen Voraussetzungen direkt aus der Messung des Schalldrucks p_i ermittelt werden. Bei Phasengleichheit von Druck und Schnelle bestimmt sich die Schnelle nach Kollmann [KOL93] zu

$$v = \frac{p}{\rho_0 c} , \qquad 4.4$$

die Schallintensität zu

$$I_i = p_i v_i \quad 4.5$$

und somit zu

$$I_i = \frac{p_i^2}{\rho_o c}. \quad 4.6$$

Daraus ergibt sich mit der Annahme R_i=2 der Schallfluss aus Gleichung 4.3 und 4.6 als Funktion des Schalldrucks zu

$$Q_i = \sqrt{\frac{A}{\pi}} \frac{p_i}{\rho f}. \quad 4.7$$

Frühere Untersuchungen mit der Intensitätsmesssonde an Pkw-Motoren haben gezeigt, dass für einen Mikrofonabstand von der Oberfläche von 20 cm im betrachteten Frequenzbereich von 60 bis 3000 Hz, die Annahme der Phasengleichheit von Druck und Schnelle zutrifft [HEL97].

Die nach Gleichung 4.7 aus dem Schalldruck abgeschätzte Quellstärke, bildet die Eingangsgröße für die in Kapitel 6 durchgeführten Prognosen für den Verbrennungsmotor.

Für die Prognose des motorischen Luftschallbeitrags im Fahrzeug werden die Übertragungsfunktionen vom Motor zum Prognosemikrofon benötigt. Von jeder Teilfläche i im Motorraum des Fahrzeugs aus, wird die Übertragungsfunktion zum Empfangs- bzw. Prognosemikrofon j im Fahrgastraum bestimmt.

$$GF_{ij} = \frac{p_{ij}}{Q_i}. \quad 4.8$$

Die Prognose des Schalldrucks p_j am Empfangsort wird aus der Superposition der Beiträge p_{ij} der A_i Teilschallquellen ermittelt [ZHE94]. Für die Superposition stehen zwei Methoden zur Verfügung.

Energetische Superposition

Bei der energetischen Superposition werden die Beträge der Einzelspektren von Schallfluss und Übertragungsfunktion miteinander multipliziert und anschließend summiert. Bei der Quadrierung gehen die Phaseninformation verloren. Diese Art der Superposition wird dann angewendet, wenn die Signale untereinander eine geringe

Kohärenz besitzen, die Phasen der Einzelspektren also zueinander annähernd statistisch verteilt sind.

$$p_j = \sqrt{\sum_{i=1}^{n} (Q_{ij} \cdot GF_{ij})^2} \qquad 4.9$$

Vektorielle Superposition

Bei der komplexen Superposition werden die Spektren der Signale unter Berücksichtigung der Phasenbeziehungen weiterverarbeitet. Mit der Addition aller komplexen Teilbeiträge lässt sich die zugehörige Gesamtantwort für den Luftschall berechnen mit:

$$p_j = \sum_{i=1}^{n} (Q_{ij} \cdot GF_{ij}) \qquad 4.10$$

5 Schallflussermittlung am Verbrennungsmotor

Im folgenden Kapitel werden die Ergebnisse der Ermittlung des Schallflusses an einem Verbrennungsmotor vorgestellt. Die Untersuchungen werden mit einem 6-Zylinder Diesel Reihenmotor durchgeführt. Mit jeweils zwei Mikrofonen pro Motorseite wird der Schalldruck über der Motoroberfläche gemessen. In Abb. 5.1 sind die Mikrofone der rechten, der oberen und der unteren Motorseite, sowie das Mikrofon vor der Ansaugöffnung durch rote Mikrofonsymbole gekennzeichnet.

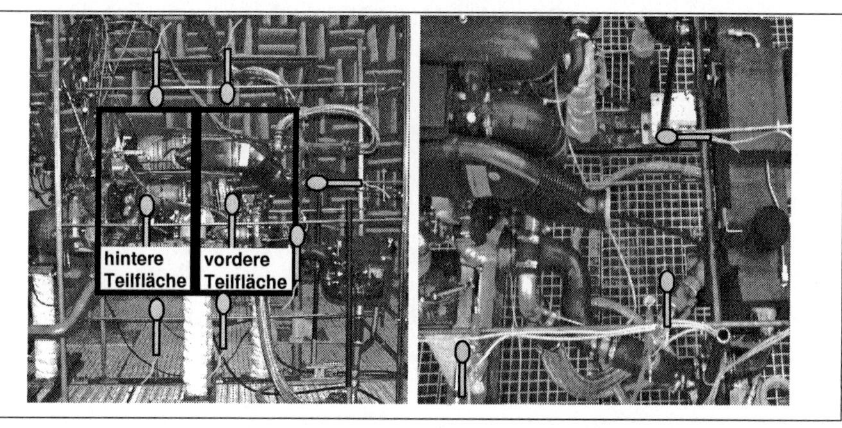

Abb. 5.1: Motor mit Mikrofonen zur Schallflussermittlung auf dem Geräuschprüfstand

Bei der Ermittlung der Schallflüsse für die Teilflächen des Motors werden einige Vereinfachungen getroffen. Jede Motorseite soll durch zwei Teilflächen charakterisiert werden, um den Aufwand zur Durchführung der Messungen möglichst klein zu halten. Frühere Untersuchungen von Helber [HEL97] haben gezeigt, dass eine derartige Vereinfachung für die Charakterisierung eines Verbrennungsmotors, bei stationären Drehzahlen zulässig ist. Im Rahmen dieser Arbeit wird untersucht, ob das Verfahren auf bei Drehzahlhochläufen angewendet werden kann. Vor jeder Teilfläche befindet sich ein Mikrofon, mit dem sich der emittierte Schallfluss pro Teilfläche nach Gleichung 4.7 ermitteln lässt. In Abbildung 5.1 sind die beiden Teilflächen für die rechte Motorseite farblich markiert und die Positionen der beiden Messmikrofone für die rechte Seite durch Mikrofonsymbole gekennzeichnet.

Ausgehend vom mittleren Abstand der Mikrofone zur Motoroberfläche wird um den Motor eine Einhüllende gebildet (siehe Abb. 5.2). Je größer der Abstand der Mikrofone vom Motor ist, desto größer wird die Oberfläche, mit der die Quellstärke des Strahlers bewertet wird. Wird der gemessene Schalldruck p_i mit dem Abstand d_i korreliert, bleibt der ermittelte Schallfluss für die Teilflächen gleich, da die Gesamtschallleistung über die Oberflächen A_1 oder A_2 immer gleich bleibt.

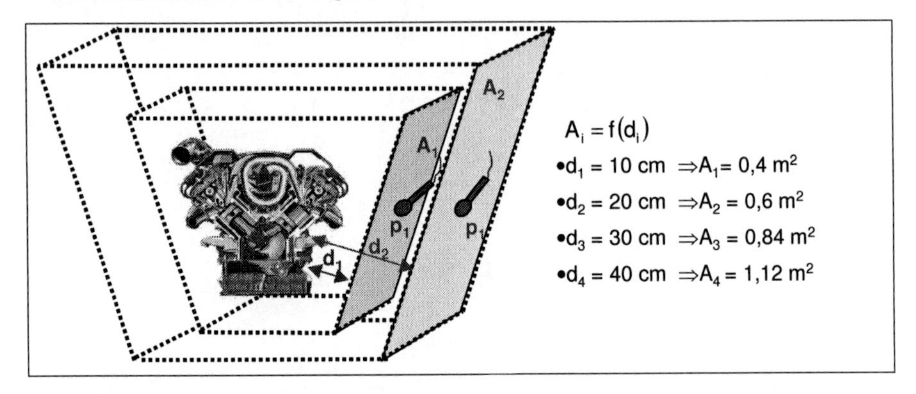

Abb. 5.2: Teilflächen der rechten vorderen Motorseite bei unterschiedlichen Mikrofonabständen

Der Vergleich der Schallflusspegel (siehe Kap.2.2) bei unterschiedlichen Mikrofonabständen in Abbildung 5.3 zeigt, dass der charakteristische Verlauf des Schallflusspegels bei allen Mikrofonabständen erhalten bleibt. Der Unterschied in den Ergebnisse, durch die Flächenkorrektur erhaltenen Schallflusspegeln, ist kleiner als 1,5 dB. Lediglich im Drehzahlbereich zwischen 3000 min^{-1} und 3500 min^{-1}, unterscheiden sich die Ergebnisse bei 10cm und 40 cm um 2,5 dB.

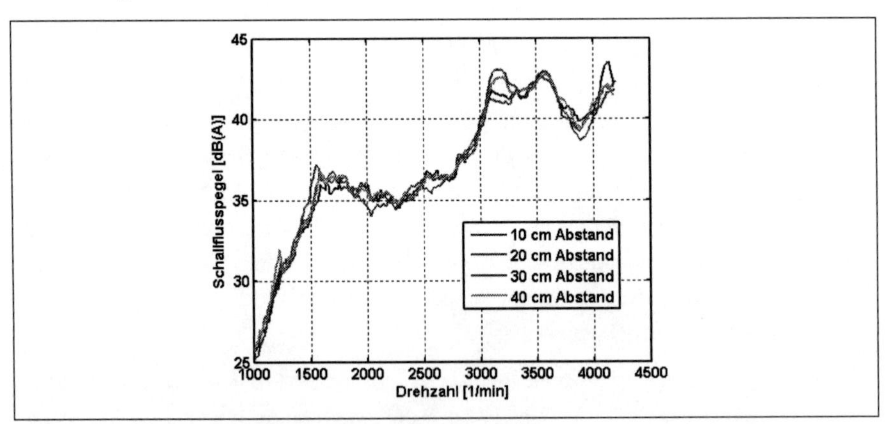

Abb. 5.3: Schallflusspegel der rechten vorderen Teilfläche bei unterschiedlichen Abständen der Messmikrofone von der Motoroberfläche

Bei Betrachtung des Schallflusspegels für die beiden Teilflächen der rechten Motorseite (Abb. 5.4) liegt aufgrund der geringen Unterschiede die Vermutung nahe, dass die Verwendung von nur einem Mikrofon pro Motorseite für die Beschreibung derselben ausreicht. Die Darstellung der Pegel über der Drehzahl, liefert einen Überblick über das Verhalten der Quelle bei verschiedenen Drehzahlen. Für eine genauere Betrachtung der Signale werden Campbell-Diagramme verwendet. Sie bieten eine feinere Auflösung der zu untersuchenden Signale. Die Campbell-Diagramme der Schallflusspegel in Abbildung 5.4 unten, weisen aber für die beiden Teilflächen der rechten Motorseite deutliche Unterschiede auf. Bei der vorderen Teilfläche gibt es bei ca. 2000 Hz im Drehzahlbereich von 2400-3000 min^{-1} eine starke Überhöhung im Schallfluss durch das Strömungsrauschen der Luft vor dem Abgasturbolader (ATL), die weder auf der hinteren Teilfläche, noch im Summenpegel zu identifizieren ist. Zusätzlich tritt das Heulen des Generators auf, welches im Campbell-Diagramm der hinteren Teilfläche nicht zu erkennen ist. Das Diagramm der hinteren Teilfläche beinhaltet Geräuschanteile des Abgasturboladerheulens, die weder auf der vorderen Teilfläche noch in der Darstellung der Summenpegel in dieser Deutlichkeit vorhanden sind. Dies zeigt, dass bei der Ermittlung des Schallflusses im Motorgeräuschprüfstand zur Berücksichtigung von Einzelschallquellen, insbesondere motornaher Aggregate (Lader, Generator usw.) mehrere Mikrofone pro Motorseite erforderlich sind. Darüber hinaus sind Vorkenntnisse über die zu erwartenden Geräuschquelle notwendig, um an den entsprechenden Positionen Einzelmikrofone platzieren zu können.

Ausschlaggebend für die Abschätzung des Schallflusses, ist die Verteilung des emittierten Schallfeldes der untersuchten Quelle in der Messebene. Werden die Mikrofone zur Ermittlung des Schallflusses an Stellen lokaler Schallmini oder -maxima platziert, kann daraus eine Unter- oder Überschätzung der Quellstärke resultieren (vgl. Kapitel 6.3.1). Für eine Überprüfung wird eine STSF-Messung an der rechten Motorseite vorgenommen. Abbildung 5.5 zeigt das Ergebnis dieser Untersuchung. Die den beiden angenommenen Kolbenstrahlern zugeordneten Teilflächen der Motorseite sind eingezeichnet und farblich markiert. Es ist zu sehen, dass sich beide Mikrofone im betrachteten Frequenzbereich im Bereich der hohen Schalldrücke befinden, während im oberen und unteren Bereich der Teilflächen, der Schalldruck deutlich geringer ist. An den Rändern der betrachteten Kontrollflächen ist der Schalldruck deutlich niedriger als in der Mitte. Dies führt dazu, dass den Ersatzquellen ein zu hoher Schallfluss zugeordnet wird und die Prognose die Messung eher über- als unterschätzt.

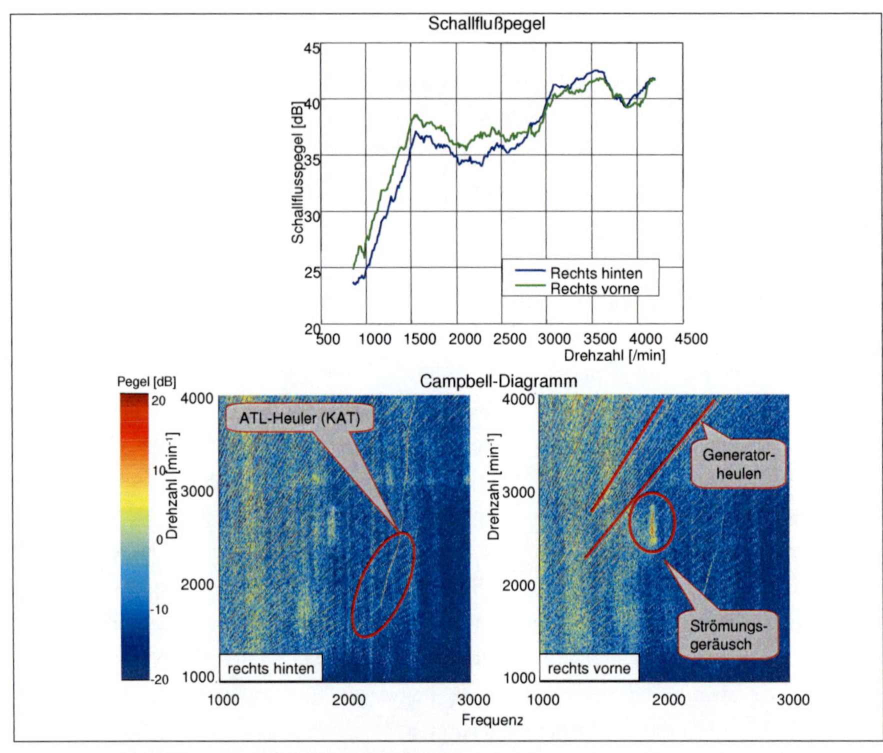

Abb. 5.4: Schallfluss Pegel der zwei Teilflächen auf der rechten Motorseite und Campbell-Diagramm der Teilschallflüsse bei Volllast

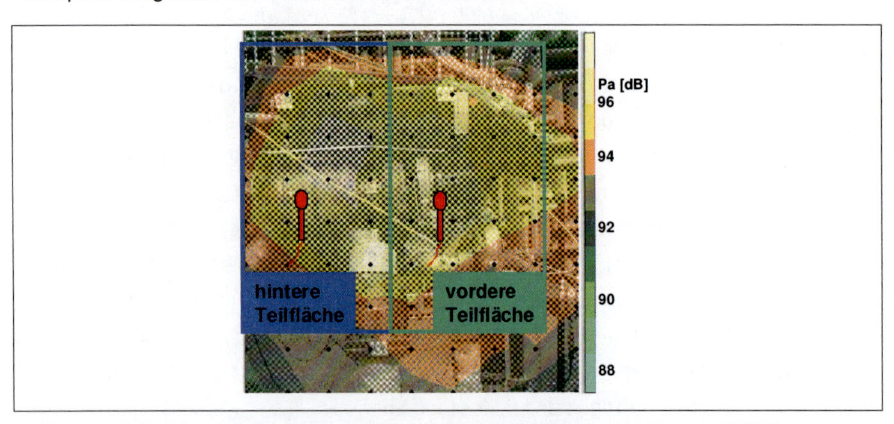

Abb. 5.5: Schalldruck Summenpegel ausgewertet für 434 –1454 Hz aus STSF-Messung, an der rechten Motorseite bei Volllast und 3000 min^{-1}

Die mit diesen Ergebnissen durchgeführten Prognosen liefern keine Absolutaussagen. Die Messergebnisse werden qualitativ gut wiedergegeben werden, d.h. der Frequenzinhalt der Signale des untersuchten Aggregats wird korrekt wiedergegeben. Es bleibt eine Unsicherheit bei der Bewertung quantitativer Aussagen.

Um hier eine Verbesserung zu erreichen könnten die Teilflächen, die besonders starke lokale Strahler beinhalten, feiner unterteilt werden. Dies würde aber den Messaufwand und den Aufwand der Flächenzuordnung, sowie der weiteren Datenverarbeitung erhöhen und die Anwendbarkeit der Methode im Serieneinsatz stark einschränken.

Die nach der hier vorgestellten Methode abgeschätzten Schallflüsse für alle Teilflächen des Motors, dienen in Kapitel 6.3 als Eingangsgrößen für die Geräuschprognose des Motorengeräusches im Fahrzeug.

6 Ermittlung repräsentativer Übertragungsfunktionen und Ergebnisse der Schalldruckprognose

Im diesem Kapitel wird die Ermittlung von Luftschall-Übertragungsfunktionen und die mit diesen durchgeführten Prognosen anhand des Modell- und Verbrennungsmotors behandelt. Die numerische Ermittlung von Luftschall-Übertragungsfunktionen und ein Vergleich, der durch direkte und reziproke Messungen bestimmten Übertragungsfunktionen, wird in Kapitel 6.1 vorgestellt. In Kapitel 6.2 werden mit dem Modellmotor die Übertragungsfunktionen unter verschiedenen räumlichen und thermischen Randbedingungen, im Freifeld, in einer Kapsel, und in einem Fahrzeug gemessen und Luftschallprognosen durchgeführt. Darüber hinaus beinhaltet es eine Darstellung der unterschiedlichen Möglichkeiten, aus den Teilschalldrücken einzelner Quellen und Übertragungsstrecken, einen Gesamtschalldruck zu berechnen. Die mit den in Kapitel 5 ermittelten Schallflüssen durchgeführten Prognosen des motorischen Luftschallanteils, werden für den Motor im Freifeld und in einer hölzernen Teilkapsel auf einem Geräuschprüfstand, den gemessenen Schalldrücken an Prognosemikrofonen gegenübergestellt. Abschließend wird der für den Motor im Fahrzeug berechneten Luftschallanteil im Fahrgastraum, mit dem in einem Fahrzeug auf einem Rollenprüfstand gemessenen Schalldruck, für zwei Varianten der motorischen Anregung verglichen. Die Bestimmung der für die Prognose notwendigen Luftschall-Übertragungsfunktionen wird ebenfalls in Kapitel 6.3 vorgestellt.

6.1 Ermittlung der Übertragungsfunktionen

Luftschall-Übertragungsfunktionen können durch direkte oder reziproke Messungen ermittelt werden oder sie werden für einfache Fälle, z.B. bei Freifeldbedingungen, durch numerische Simulation bestimmt.

Die Luftschallübertragung vom Motorraum in den Fahrzeuginnenraum ist keine ausschließlich direkte Luftschallübertragung. Einen erheblichen Beitrag zur Geräuschübertragung liefert die Durchschallung durch Stirnwand und Glasscheiben (Luft-Struktur-Luft-Übertragung). Darüber hinaus kann Schall durch Durchbrüche und Leckagen in den Innenraum gelangen. Die Schalldämmung durch Schwermatten, sowie die Luftschall-Absorber im Motorraum, in der Instrumententafel und den Innenraumverkleidungen, machen die Berechnung der Übertragungsfunktionen zu einer sehr komplexen Aufgabe. Zur Beschreibung derart komplexer Übertragungsstrecken und akustischer Umgebungen, ist die Messung der Übertragungsfunktionen am besten geeignet.

6.1.1 Numerische Ermittlung der Übertragungsfunktionen anhand eines Modellaufbaus

Die Berechnung von Luftschall-Übertragungsfunktionen ist am einfachsten für die Geräuschübertragung im Freifeld möglich. Es bietet sich die Berechnung mit Hilfe der Boundary-Element-Methode [KIR98] oder der Infiniten-Elemente [ACT04] an. In Fällen von analytisch gut beschreibbaren Quellen (Kolbenstrahler, biegeschwingende Platte u.ä.), ist auch eine analytische Berechung der Übertragungsfunktionen möglich.

Befindet sich ein Motor auf einem Prüfstand mit Freifeldbedingungen, und die Prognose des Motorgeräusches soll ebenfalls im Freifeld erfolgen, ist es prinzipiell möglich, die benötigten Luftschall-Übertragungsfunktionen z.B. mit Hilfe der Boundary-Element-Methode zu berechnen (vgl. Kap. 3.4 bzw. 3.5).

Auf dem in Abbildung 6.1 gezeigten Geräuschprüfstand sind neben dem Untersuchungsobjekt noch zahlreiche Einrichtungen zum Betrieb des Prüfstandes vorhanden. Dort befinden sich die Antriebswelle zur Bremsmaschine, ein Galgen mit Teilen der Messtechnik und ein Boden aus einem Metallgitter. Um die Freifeldbedingungen bewerten zu können, wird ein vereinfachter Aufbau auf dem Prüfstand vermessen und simuliert. Anstelle eines Motors wird eine Kiste mit einer eingebauten Rohrschallquelle, deren Schallöffnung sich an der Oberfläche der Außenwand befindet, ein Prognosemikrofon sowie eine Schallquelle zur reziproken Bestimmung von Luftschall-Übertragungsfunktionen, auf dem Prüfstand aufgebaut (Abb. 6.1).

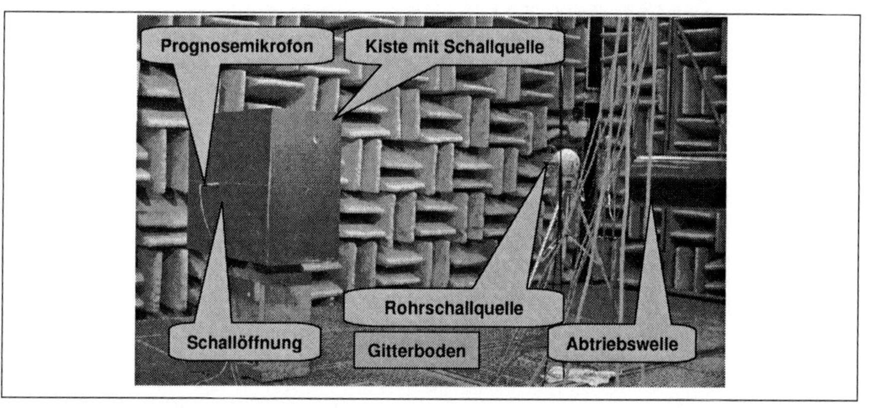

Abb. 6.1: Versuchsaufbau zur Bewertung der Randbedingungen im Geräuschprüfstand

Die gemessenen Luftschall-Übertragungsfunktionen zwischen der Quelle und verschiedenen Mikrofonen im Raum, werden mit den berechneten Übertragungsfunktionen verglichen.

Der Vergleich zwischen Messung und Rechnung in Abbildung 6.2 zeigt, dass mit steigendem Abstand der Mikrofone zur Mündung der Quelle, die Abweichungen zunehmen. Für das Mikrofon in 5 cm Abstand von der Schallöffnung, ist eine nahezu exakte Berechnung der Übertragungsfunktion möglich. Für ein Mikrofon, das parallel zur Seitenwand 50 cm von der Kistenoberfläche platziert ist, zeigt der Vergleich zur Simulation, neben dem gut abgebildeten tendenziellen Verlauf der Kurve, regelmäßige Einbrüche und Überhöhungen.

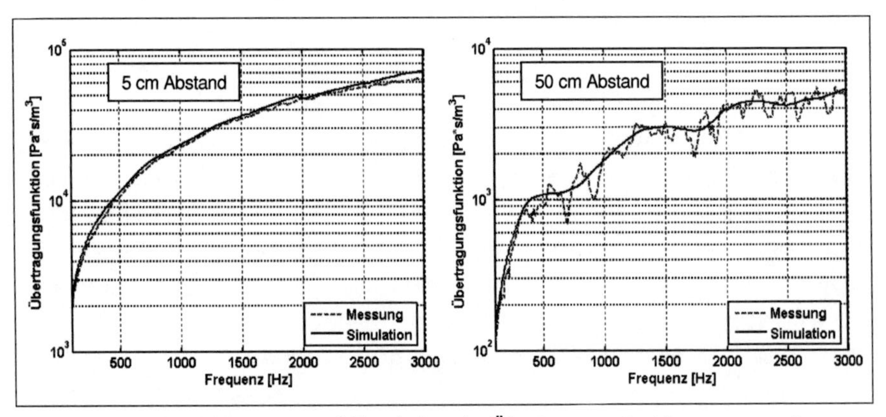

Abb. 6.2: Vergleich Messung und Simulation der Übertragungsfunktionen zu zwei Mikrofonen

Je größer der Abstand zwischen Quelle und Mikrofon ist, desto mehr Reflektionen erreichen das Mikrofon und sorgen so für eine Verstärkung oder Auslöschung, je nach Frequenz. Als Ergebnis der Untersuchungen, wird der Boden des Prüfstands für die Messungen zur Modellbildung mit I-BEM am Vierzylinder Ottomotor mit zusätzlichem Absorptionsmaterial abgedeckt, um eine bessere Annäherung an die Freifeldbedingungen zu erreichen (vgl. auch Kapitel 3.2).

6.1.2 Direkte und reziproke messtechnische Ermittlung der Luftschall-Übertragungsfunktionen

Für den Vergleich zwischen einer direkt und einer reziprok bestimmten Übertragungsfunktion werden in diesem Kapitel, wie in Abbildung 6.3 zu sehen, zwei schallflusskalibrierte Quellen verwendet. Vor den Schallöffnungen der Quellen werden die Empfangsmikrofone platziert. Es werden, nach dem eingangs beschriebenen Vorgehen, die Übertragungsfunktionen in einer Direkt- und Reziprokmessung ermittelt. Die beiden in Abb. 6.4 verglichenen Übertragungsfunktionen zwischen Quelle und Prognosemikrofon, zeigen eine gute Übereinstimmung im dargestellten Frequenzbereich. Lediglich im Bereich unter 100 Hz ist die Abstrahlung der Rohrschallquellen mit einem Öffnungsquerschnitt von 5,3 cm^2 (d=2,6 cm) zu gering, um eine gesicherte Übertragungsfunktion ermitteln zu können. Die gute Übereinstimmung der beiden Kurven zeigt, dass die eigentliche Messaufgabe vollwertig durch die Reziprokmessung ersetzt werden kann. Ihre Anwendung bietet sich dort an, wo aufgrund beengter räumlicher Verhältnisse am eigentlichen Anregungsort kein Platz für eine Schallquelle ist. In solchen Fällen gibt es aber meist noch die Möglichkeit, ein Mikrofon zu platzieren. Ein weiterer Vorteil besteht darin, dass die Luftschall-Übertragungsfunktionen zwischen einem Mikrofon und verschiedenen Quellenpositionen mit einer einzigen Messung ermittelt werden kann.

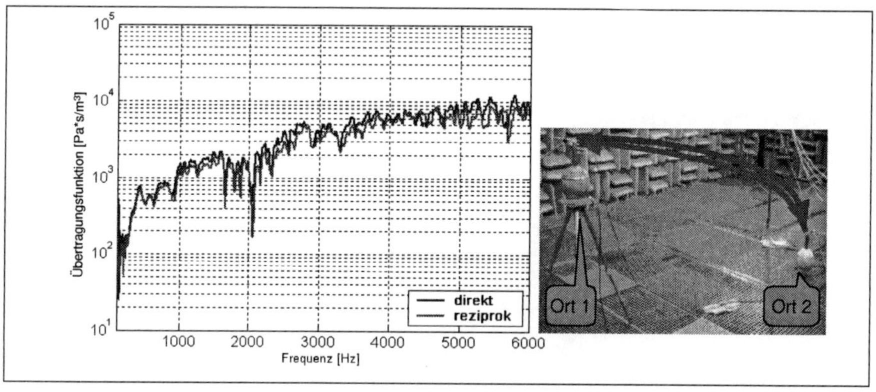

Abb. 6.3: Darstellung der Reziprozität anhand zweier Rohrschallquellen

Die reziproke Bestimmung von Luftschall-Übertragungsfunktionen wird in Kapitel 6.3 angewendet.

6.2 Ermittlung der Übertragungsfunktionen am Modellmotor

Durch die in dem Modellmotor eingebauten schallflusskalibrierten Schallquellen können die Luftschall-Übertragungsfunktionen durch Direkt- und Reziprokmessungen ermittelt werden. Durch den Vergleich der direkt und reziprok gemessenen Übertragungsfunktionen miteinander kann die die Güte der ermittelten Übertragungsfunktionen überprüft werden. Anhand der gemessenen Übertragungsfunktionen GF_i zu den unterschiedlichen Einbauorten des Modellmotors und der im Freifeld gemessenen Schallflüsse Q_i der einzelnen Quellen kann der Gesamtschalldruck p_{ges} am Prognosemikrofon durch energetische oder vektorielle Addition der Teilbeiträge prognostiziert werden (vgl. Abb. 4.1).

Für die Untersuchungen wird der Modellmotor im reflektionsarmen Geräuschprüfstand, in einer temperierbaren Teilkapsel und im Motorraum eines Fahrzeugs platziert (siehe Abb.6.5).

Im Freifeld ist der Modellmotor an Seilen aufgehängt. Im Abstand von einem Meter zum Motor befinden sich die Prognosemikrofone. Die Ergebnisse zur Überprüfung der Schalldruckprognose bei unterschiedlichen Betriebssignalen und unterschiedlichen Methoden zur Summation der Teilbeiträge werden in Kapitel 6.2.1 vorgestellt.

Der eng berandete Motorraum eines Fahrzeugs wird im Experiment vereinfacht durch einen Kasten dargestellt, der den Modellmotor allseitig umschließt und mit zwei definierten Öffnungen versehen ist. Diese Öffnungen können verschlossen werden. Neben dem seitlichen Prognosemikrofon (Prognoseort 2) in einem Meter Abstand befindet sich ein weiteres Mikrofon unter einer der Öffnungen des Kastens (Prognoseort 1). Die Prognoseergebnisse bei Betrieb des Modellmotors in der Teilkapsel, bei unterschiedlichen Umgebungstemperaturen werden in Kapitel 6.2.2 vorgestellt.

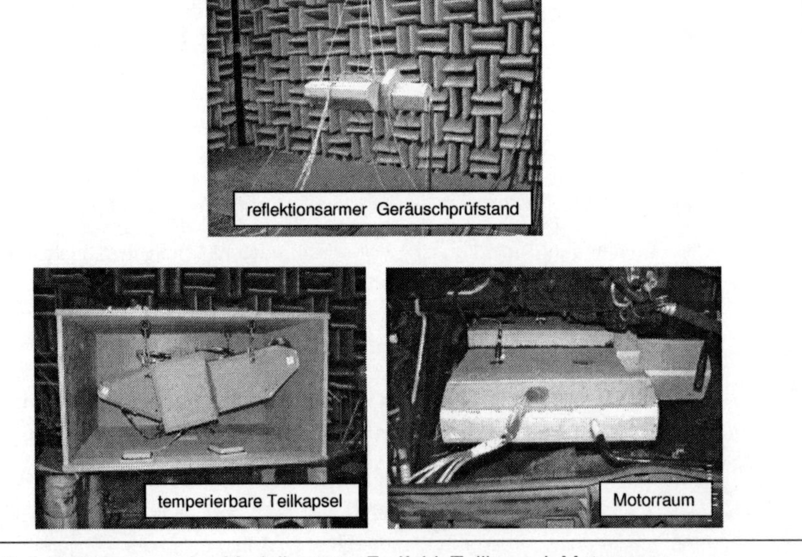

Abb. 6.4: Umgebungen des Modellmotors, Freifeld, Teilkapsel, Motorraum

Abschließend wird im Kapitel 6.2.3 der Modellmotor im Motorraum eines Fahrzeugs platziert. Der Modellmotor ist mit vier Ständern am Boden des Prüfstandes abgestützt und hat keinerlei Verbindung zur Karosserie. Die Prognosemikrofone befinden sich auf dem Fahrer- und Beifahrersitz.

6.2.1 Ergebnisse im Freifeld

Auf die Darstellung der durch direkte und reziproke Messungen ermittelten Übertragungsfunktionen im Freifeld wird in diesem Abschnitt verzichtet, da dies bereits in Kapitel 6.1.2 behandelt wurde.

In Abbildung 6.5 sind die einzelnen Teilschalldrücke, die sich aus der Verknüpfung der Übertragungsfunktion von einer Quelle zum Prognosemikrofon, mit dem Schallfluss der zugehörigen Quelle, ergeben dargestellt. Obwohl alle Quellen mit der gleichen Leistung betrieben werden, sieht man deutliche Unterschiede in den Teilbeiträgen, da einige Quelle des Modellmotors hauptsächlich in das Freifeld abstrahlen. Die zugehörigen Übertragungsfunktionen haben dementsprechend niedrige Amplituden.

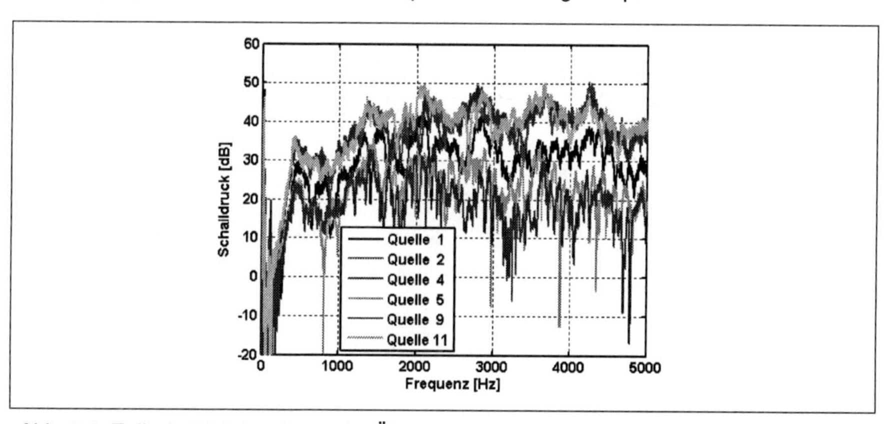

Abb. 6.5: Teilschalldrücke der sechs Übertragungspfade im Freifeld

In Abbildung 6.6 ist das Ergebnis der Prognose bei energetischer Addition der aus den Schallflüssen berechneten Teilbeiträgen, bei Anregung mit inkohärentem Rauschen, dargestellt. Aufgrund der nahezu idealen Messbedingungen bei der Ermittlung der Luftschall-Übertragungsfunktionen und der Schallflüsse liegen die Kurven von Messung und Rechnung annähernd deckungsgleich übereinander.

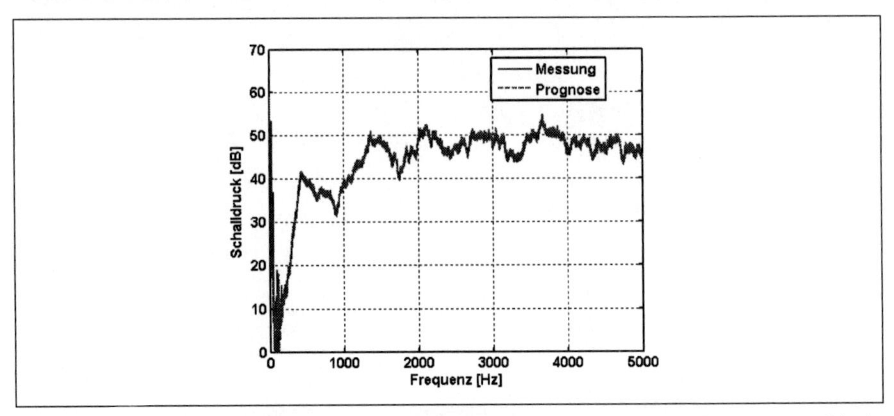

Abb. 6.6: Vergleich von Messung und Prognose des Schalldrucks am Prognoseort 2 bei inkohärenter Anregung durch sechs Schallquellen, energetische Addition

Die Ergebnisse der Prognose, bei Anregung des Modellmotors mit kohärentem Rauschen an allen Quellen, sind in Abb. 6.7 dargestellt. Die Prognose weist Unterschiede von bis zu 12 dB zum gemessenen Schalldruck auf, wenn die einzelnen Teilbeiträge energetisch addiert werden. Dabei werden nur die Beträge der Teilschalldrücke berücksichtigt (siehe. Gl. 4.10). Die Phasenunterschiede der Teilbeiträge, die dazu führen, dass sich die Signale der phasengleichen Anregungen verstärken oder abschwächen, werden nicht berücksichtigt.

Bei der vektoriellen oder komplexen Superposition (siehe Gl. 4.11), werden die Signale unter Beibehaltung der Phaseninformation addiert. Auslöschungen und Verstärkungen durch Überlagerung der Signale werden erfasst. Um die komplexe Superposition der Teilbeiträge durchführen zu können, müssen die Anregung der Quellen und die Übertragungsfunktionen als komplexe Werte vorliegen. Außerdem müssen der Ort der Quelle, und der Punkt zu dem hin die Übertragungsfunktion bestimmt wird, gleich sein. Durch die im Modellmotor eingebauten Rohrschallquellen, kann diese Forderung gut erfüllt werden. Die durch komplexen Superposition der Teilbeiträge erreichte Übereinstimmung von Messung und Rechnung bei den gegebenen Randbedingungen ist sehr gut (siehe Abb. 6.7).

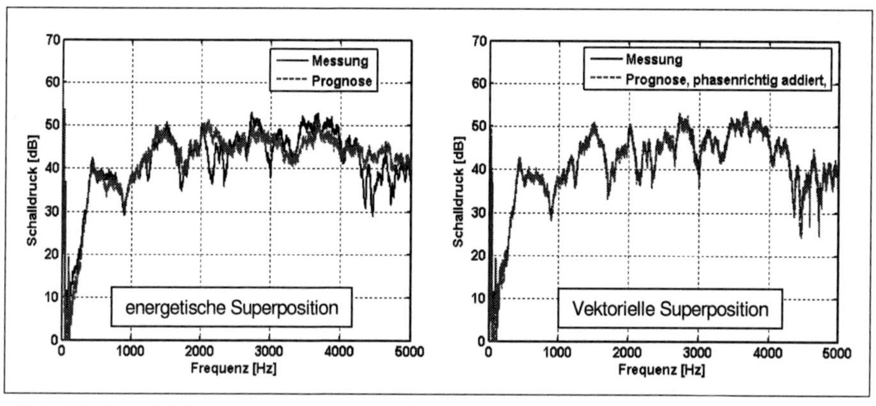

Abb. 6.7: Vergleich von gemessenem und prognostiziertem Schalldrucks am Prognoseort 2, bei energetischen und komplexer Addition der Teilbeiträge, bei kohärenter Anregung durch sechs Schallquellen

Die Positionen von lokalen Quellen an Motoren und der ihnen zugeordneten Mikrofone für die reziproke Ermittlung der Übertragungsfunktionen, sind in der praktischen Anwendung nicht gleich. Die Positionen der auf einem Motor zu lokalisierenden Quellen, zu denen eine Übertragungsfunktion bestimmt werden soll, verändern sich mit der Frequenz (vgl. Kap. 3.5.2). Bei der in Kapitel 5 vorgestellten Methode zur Abschätzung des Schallflusses wird die Schallabstrahlung einer halben Motorseite auf ein Mikrofon vereinfacht. In dem Motorraum eines PKW ist es aus Platzgründen nicht möglich, die Mikrofone zur Ermittlung der Übertragungsfunktionen an den Stellen vor dem Motor zu platzieren, an denen sie sich bei der Messung des Schalldrucks im Aggregateprüfstand befinden. Sie können nur in der Nähe der ursprünglich vorgesehen Mikrofonposition platziert werden. Nur wenn der Ort der Anregung und der Ort zu dem die Übertragungsfunktion hin bestimmt wird identisch sind, kann die komplexen Addition der Teilquellen- oder Flächenbeiträge erfolgreich eingesetzt werden. In Abbildung 6.8 sind die Phasen der Luftschallübertragungsfunktionen von einem Prognosemikrofon zu mehreren Mikrofonen auf der rechten Motorseite im Freifeld und in einer Teilkapsel dargestellt. Die Phasen der Übertragungsfunktionen im Freifeld lassen vereinzelt gleiches Verhalten erkennen. In der Teilkapsel ist kein globaler Trend im Verlauf der Phasen zu erkennen. In Abhängigkeit der gewählten Übertragungsfunktionen unterscheiden sich die Phasenwinkel sehr stark. Die Anwendung der komplexen Superposition wird für die unterschiedlichen Übertragungsfunktionen zu den verschiedenen Mikrofonen unterschiedliche Ergebnisse liefern. Um ihre

Ortsabhängigkeit zu reduzieren, werden in Kapitel 6.3 mehrere Übertragungsfunktionen einer Motorseite gemittelt.

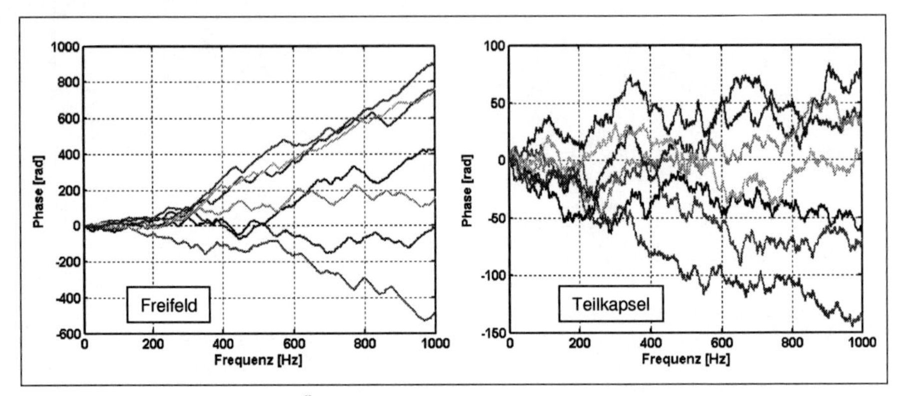

Abb. 6.8: Phasenwinkel der Übertragungsfunktionen vom Prognosemikrofon in 1m Abstand zu verschiedenen Mikrofonen auf der rechten Motorseite im Freifeld und der Teilkapsel

Bei den weiteren Prognosen im Rahmen dieser Arbeit, wird ausschließlich die energetische Superposition der Teilbeiträge verwendet. Die Gründe dafür sind, dass die Abstrahlung einer halben Motorseite vereinfachte in einem Ort (Mikrofon) zusammengefasst wird und die Übertragungsfunktionen eine starke Ortsabhängigkeit aufweisen.

Zur Anregung der Schallquellen im Modellmotor mit Motorgeräusch, ist der Luftschall eines Motors, bei konstanter Drehzahl an sechs unterschiedlichen Orten, um den Motor im Abstand von einem Meter aufgezeichnet worden. Die sechs Rohrschallquellen des Modellmotors werden mit diesen Signalen angesteuert.

Der Vergleich von Messung und Prognose bei Anregung des Modellmotors mit Motorengeräusch, ist in Abbildung 6.9 dargestellt. Um das sehr stark von den Motorordnungen geprägte Signal leichter vergleichen zu können, wird bei der Darstellung der Ergebnisse eine einhüllende Kurve über die Maxima der gemessenen und prognostizierten Kurven gelegt. Die Ergebnisse der Prognose zeigen eine gute Übereinstimmung mit dem gemessenen Schalldruckpegel. Bei vereinzelten Frequenzen treten Abweichungen von ca. 3 dB auf.

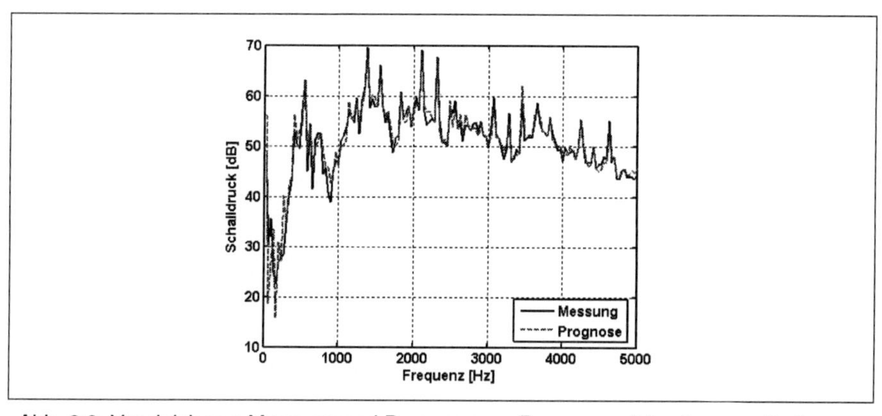

Abb. 6.9: Vergleich von Messung und Prognose am Prognoseort 2 mit energetischer Addition der Teilbeiträge bei Anregung mit Motorgeräusch in einer vereinfachten Darstellung

6.2.2 Ergebnisse in der Teilkapsel

In einem PKW befindet sich der Motor in einem eng berandeten Raum, der in diesem Experiment vereinfacht durch einen Kasten dargestellt wird, der den Modellmotor umschließt. Die Empfangsmikrofone befinden sich direkt unter dem Kasten in Bodennähe und in einem Meter Abstand neben dem Kasten. Den geschlossene und geöffneten Kasten sowie eine Gesamtansicht des Versuchsaufbaus zeigt Abb. 6.10.

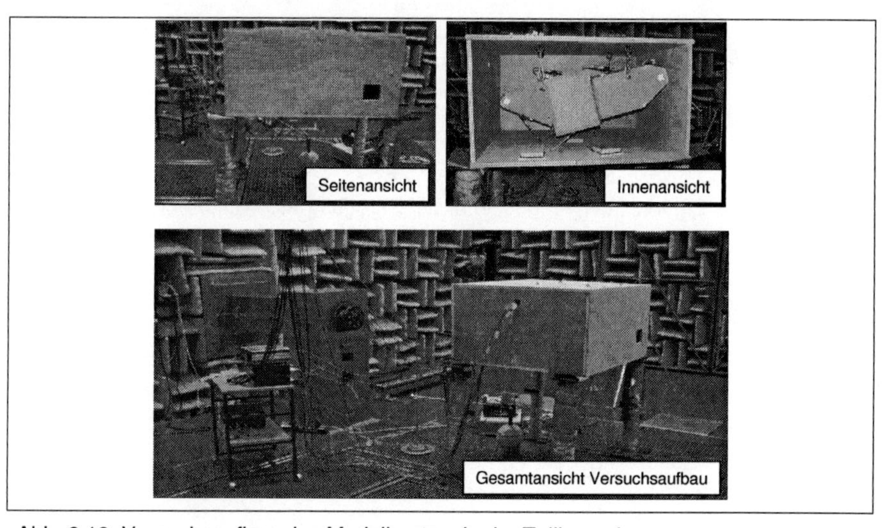

Abb. 6.10: Versuchsaufbau des Modellmotors in der Teilkapsel

Die in Abbildung 6.11 dargestellten gemessenen Übertragungsfunktionen, von einer Quelle des Modellmotors zum Prognosemikrofon neben der geschlossenen Teilkapsel, weisen eine deutliche Strukturierung auf. Diese werden durch die Reflektionen und die Luftmoden innerhalb des Hohlraums hervorgerufen. Die Unterschiede im Verlauf der beiden Übertragungsfunktionen aus Direkt- und Reziprokmessung sind, mit Ausnahme der sehr schmalbandigen Einbrüche, nicht größer als bei dem Experiment im Freifeld (vergl. Abb. 6.4). Der Einfluss dieser Einbrüche in den einzelnen Übertragungsfunktionen kann für die Prognose vernachlässigt werden, da die Einbrüche jeder einzelnen Übertragungsfunktion bei einer anderen Frequenz liegt. Bei der Addition der Teilbeiträge verliert dieser Effekt im Einzelnen seine Relevanz.

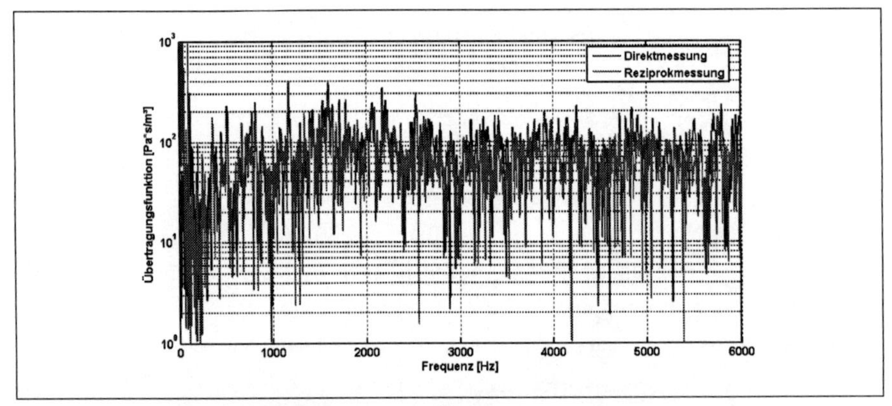

Abb. 6.11: Direkt und reziprok gemessene Übertragungsfunktion von einer Quelle des Modellmotors in der Teilkapsel zum Prognosemikrofon

Der Vergleich der Messungen mit der Prognose, bei Anregung durch inkohärentes Rauschen und Motorengeräusch an allen sechs Quellen, ist in Abbildung 6.12 dargestellt. Das Ergebnis der Prognose für die Anregung mit inkohärentem Rauschen, stimmt mit dem am Prognosemikrofon gemessenen Schalldruck überein. Die Ergebnisse der Vorhersage für die Anregung mit Motorgeräusch, zeigen eine schlechtere Übereinstimmung mit der Messung, als bei der Prognose im Freifeld. Die Auslöschungen und Verstärkungen der teilkohärenten Signale in der Teilkapsel, treten durch die Reflektionen innerhalb der Kapsel deutlicher zu Tage, als bei der direkten Abstrahlung ins Freifeld. Der charakteristische Verlauf des gemessenen Signals wird aber dennoch gut wiedergegeben.

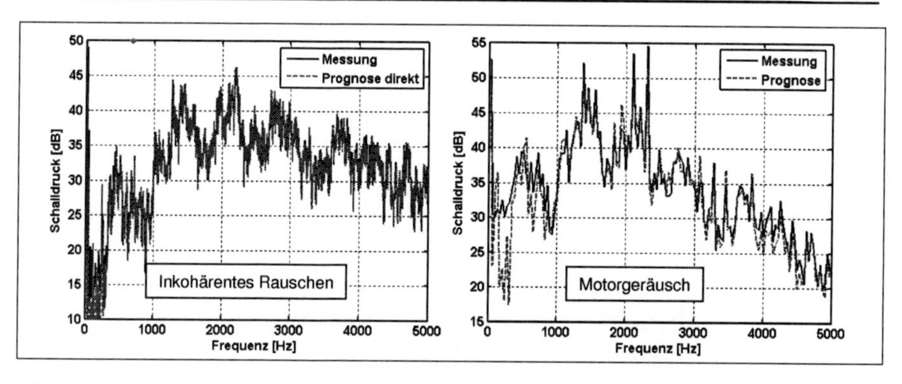

Abb. 6.12: Messung und Prognose mit inkohärentem Rauschen und Motorgeräusch

Die Luft im Motorraum eines Fahrzeugs heizt sich während des Motorbetriebs auf. Wie groß der Einfluss einer Temperaturänderung im Umfeld der Quelle auf die Übertragungsfunktionen, und damit die Geräuschprognose ist, wird im Folgenden untersucht. Die Luft in der Teilkapsel wird mit einem Warmluftgebläse auf 50 °C erwärmt. Nach dem Entfernen des Gebläses, können Übertragungsfunktionen gemessen und Verifikationsmessungen durchgeführt werden. Die gemessenen Übertragungsfunktionen bei 20 und 50 °C Lufttemperatur werden in Abbildung 6.13 gegenübergestellt. Da sich die Einbrüche in den gemessenen Übertragungsfunktion durch die Temperaturänderung verschieben, ist ein Vergleich nur schwer möglich. In der vergrößerten Darstellung des exemplarisch gewählten Frequenzbereichs von 2800 bis 3300 Hz sind die Frequenzverschiebung der Einbrüche und unterschiedliche Verlauf der Übertragungsfunktionen in einzelnen Frequenzbereichen zu sehen.

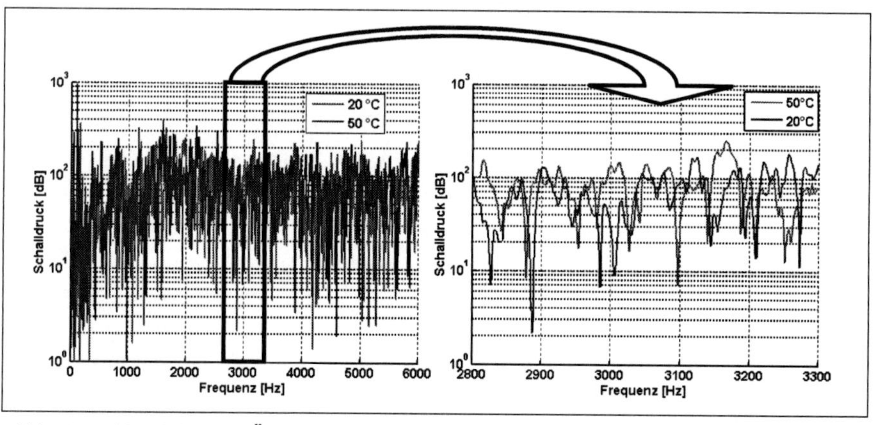

Abb. 6.13: Vergleich der Übertragungsfunktionen bei 20 °C und 50 °C im Vergleich

Zur Vereinfachung der Darstellung werden die beiden Kurven geglättet. Abbildung 6.14 zeigt, dass die Unterschiede der geglätteten Übertragungsfunktionen bei 20 C bzw. 50 °C gering sind. Sie können für die Prognose des Gesamtschalldrucks vernachlässigt werden.

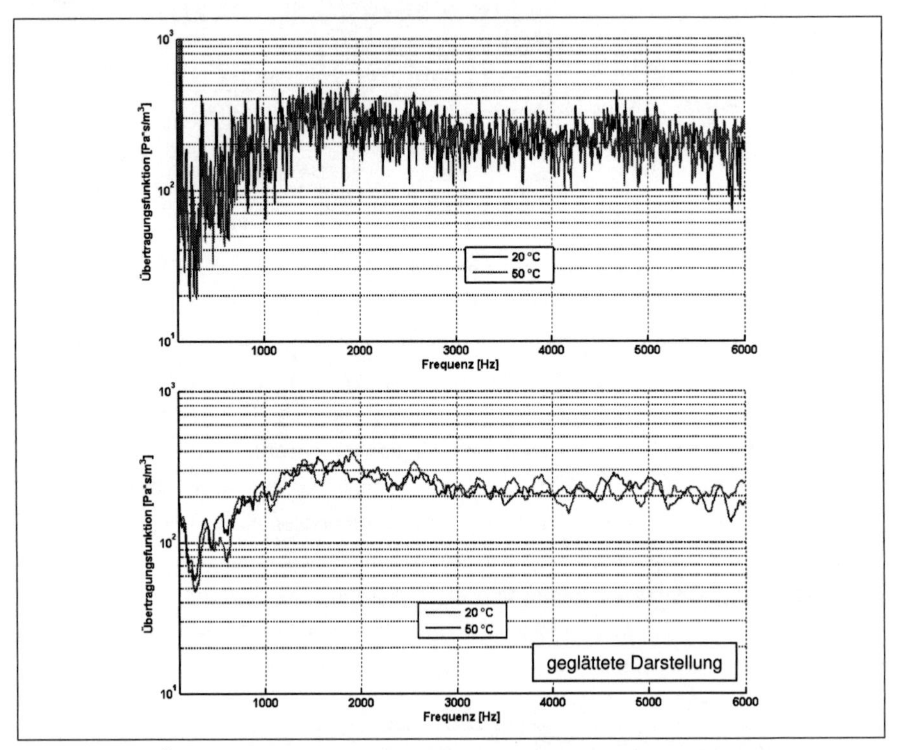

Abb. 6.14: LSÜ bei 20 °C und 50 °C in normaler und geglätteter Darstellung

Die in Abbildung 6.15 dargestellten Vergleiche der Prognoseergebnisse bei kalter und warmer Umgebungsluft zeigen, dass der charakteristische Verlauf des gemessenen Schalldrucks gut abgebildet werden kann. Ein signifikanter Einfluss auf die Güte der Prognose, kann im betrachteten Temperaturbereich nicht festgestellt werden.

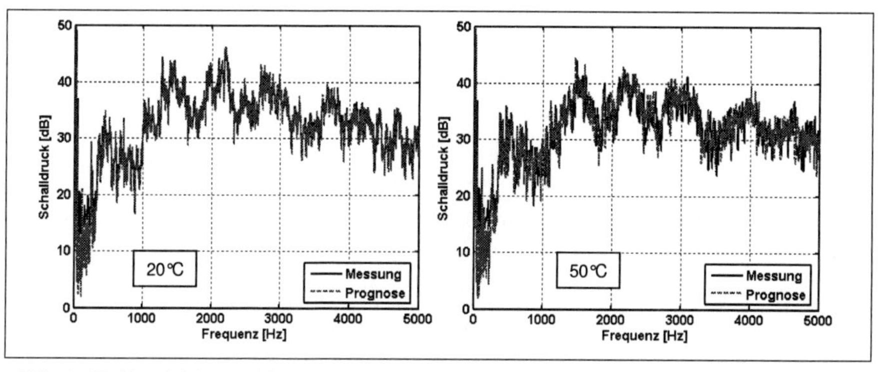

Abb. 6.15: Vergleich von Messung und Prognose bei Anregung mit inkohärentem Rauschen bei 20 °C und 50 °C

6.2.3 Ergebnisse im Fahrzeug

Die Anwendbarkeit der Methode zur Bestimmung der Luftschall-Übertragungsfunktionen und der Prognose durch Addition der Teilbeiträge, ist im Freifeld und in der hölzernen Teilkapsel, auch bei unterschiedlichen Temperaturen nachgewiesen. Abbildung 6.16 zeigt den Versuchsaufbau zur Ermittlung der Luftschall-Übertragungsfunktionen und der Durchführung der Vergleichsmessungen für den, in einen Fahrzeugmotorraum positionierten Modellmotor.

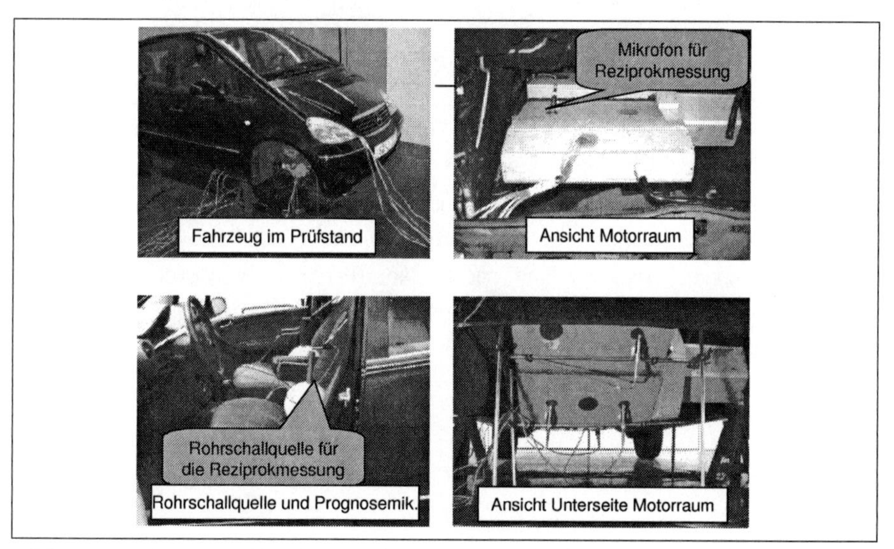

Abb. 6.16: Aufbau des Experiments Modellmotor im Fahrzeug

Um Körperschallübertragung zu vermeiden ist der Motor mit vier Ständern am Boden des Prüfstandes abgestützt, und hat dadurch keinerlei Verbindung zur Karosserie. Die Prognosemikrofone werden auf dem Fahrer- und Beifahrersitz platziert. Sie sind direkt vor der Mündung der Rohrschallquellen, für die reziproke Bestimmung der Übertragungsfunktionen angebracht. Die Empfangsmikrofone für die Reziprokmessung befinden sich ebenfalls direkt vor den Mündungen der in dem Modellmotor eingebauten Rohrschallquellen. In Abbildung 6.17 sind die direkt und reziprok gemessenen Übertragungsfunktionen, von einer Quelle des Modellmotors zum Prognosemikrofon auf dem Fahrersitz dargestellt. Ähnlich den Übertragungsfunktionen in der Teilkapsel, erhält man auch im Fahrzeug Übertragungsfunktionen mit einer starken Strukturierung. Sie werden durch die Moden der Hohlräume und die Durchschallung hervorgerufen.

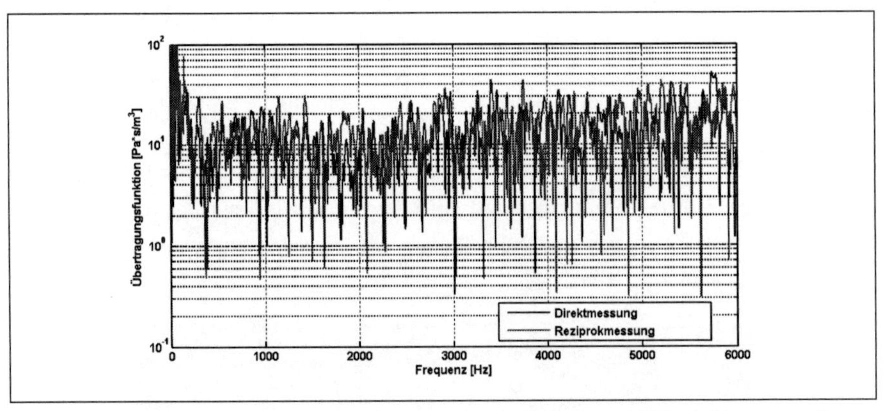

Abb. 6.17: Direkt und reziprok gemessenen Luftschallübertragungsfunktionen von dem Fahrersitz zu einer Quelle des Modellmotors

Die Prognose des Schalldrucks, bei Anregung mit Motorgeräusche durch die sechs Quellen des Modellmotors an der Fahrersitzposition, ist in Abbildung 6.18 dargestellt. Um eine bessere Vergleichbarkeit der beiden Kurven zu ermöglichen, sind die Einhüllenden der von den Motorordnungen geprägten Signale dargestellt. Die Prognose des Schalldrucks im Fahrzeug, bei Anregung im Motorraum, stimmt sehr gut mit der Messung überein.

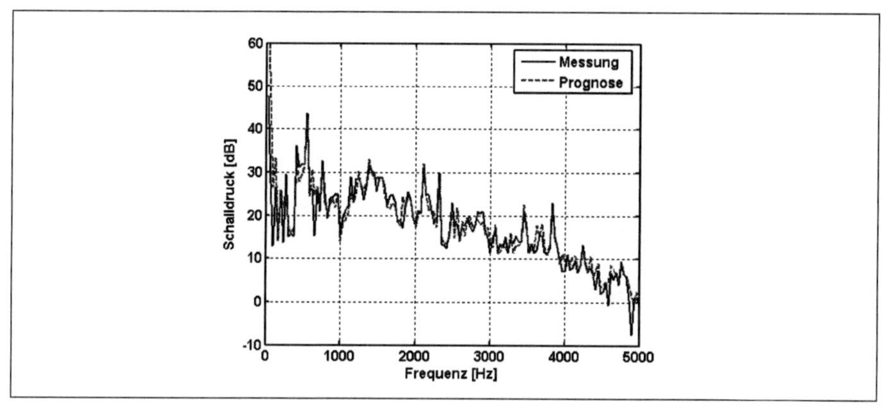

Abb. 6.18: Vergleich von Messung und Prognose des Luftschalls am Fahrersitz bei Anregung mit Motorgeräusch durch sechs Quellen des Modellmotors

Die Möglichkeit, die Direktmessung durch die Reziprokmessung bei der Messung von Luftschall-Übertragungsfunktion zu ersetzen konnte im Freifeld, in einer Teilkapsel und im Fahrzeug nachgewiesen werden. Bei Kenntnis der Quellstärken der einzelnen Teilquellen, ist eine Prognose des Luftschallbeitrags im Fahrzeug möglich.

6.3 Prognose am Verbrennungsmotor

In Kapitel 6.2 konnte gezeigt werden, dass die Bestimmung der Luftschall-Übertragungsfunktionen durch direkte und reziproke Messungen bei unterschiedlichen Randbedingungen gute Ergebnisse liefert. Im Weiteren werden die Ergebnisse der Prognose bei einem Verbrennungsmotor dargestellt. Besonderer Wert wird auf die Bestimmung von repräsentativen, d.h. ortsunempfindlichen, robusten Luftschall Übertragungsfunktionen gelegt. Die Verifikation der Prognosen erfolgt anhand des aus Kapitel 5 bekannten Dieselmotors, der im Freifeld (Kap. 6.3.1) und in einer Teilkapsel auf dem Motorenprüfstand (Kap. 6.3.2), sowie in einem Fahrzeug (Kap.6.33) aufgebaut wird.

Nach dem in Kapitel 4 vorgestellten Konzept zur Prognose des Luftschallanteils am Motorengeräusch, werden die Luftschall-Übertragungsfunktionen zwischen dem Motor in einem Hohlraum, sowie im Motorraum eines Fahrzeugs und einem Prognosemikrofon auf ihre Ortsabhängigkeit untersucht. Zusammen mit den in Kapitel 5 ermittelten Quellstärken der Teilschallquellen, wird der motorische Anteil des Luftschalls am Innengeräusch eine PKW prognostiziert.

Abb. 6.19: Unterschiedliche Umgebungen des Verbrennungsmotors im Experiment

6.3.1 Ergebnisse der Prognose im Freifeld

Als erster Schritt zur Verifikation der Prognose, wird der Schalldruck des Motors bei dem Betrieb im reflektionsarmen Prüfstand durchgeführt. Der Motor ist wie in Kapitel 5 beschrieben aufgebaut. Im Abstand von einem Meter befindet sich ein Prognosemikrofon auf der linken Seite des Motors und eines rechts, schräg vor dem Motor. Mit ihnen wird der Schalldruck während der Drehzahlhochläufe bei den Betriebsmessungen gemessen.

Die Übertragungsfunktionen zwischen den Prognosemikrofonen und den ebenen Mikrofongittern an jeder Seite des Motors, sowie zu einem Einzelmikrofon vor der Ansaugmündung des Motors, werden durch Reziprokmessungen ermittelt. Hierzu wird an den Positionen der Prognosemikrofone eine Rohrschallquelle platziert und der Schalldruck an den Mikrofonen vor den Teilflächen gemessen (vgl. Abb. 5.1).

Der errechnete Schalldruck an den Prognoseorten liegt im Pegel ca. 2dB über dem gemessenen Wert. Der höhere errechnete Schalldruck resultiert aus der fehlerhaften Platzierung der Mikrofone bei der Abschätzung des Schallflusses. Durch die höheren Schalldrücke an den Mikrofonpositionen in der Mitte der Motorseiten, sind die daraus abgeleiteten Schallflüsse zu hoch (vgl. Abb. 5.5). Der Vergleich zwischen dem gemessenen und dem prognostizierten, sowie dem korrigierten Summenpegel, ist in Abbildung 6.20 dargestellt. Mit der Korrektur des prognostizierten Pegels um 2dB wird eine bessere Übereinstimmung von Messung und Prognose erreicht.

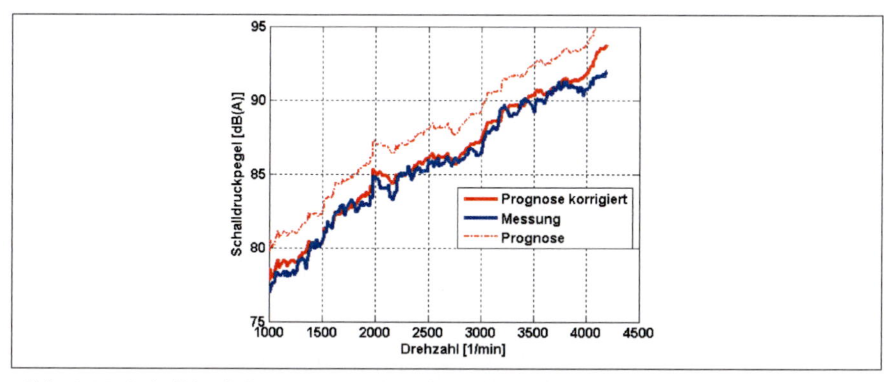

Abb. 6.20: Schalldruck Summenpegel am Mikrofon rechts vor Motor (Prognoseort 2)

In Abbildung 6.21 sind die Campbell-Diagramme von Messung und Prognose gegenübergestellt. Die Übereinstimmung zwischen Messung und Prognose im Freifeld ist im niederfrequenten Bereich bis 650 Hz gut. Im höheren Frequenzbereich ab 1kHz werden in der Prognose die ebenfalls in der Messung vorhandenen Resonanzbänder bei 1200 Hz und 1700 Hz überbetont. Die lokalen Einflüsse bei den, der Abschätzung zugrunde liegenden, Messung des Schallflusses sind vermutlich für diese Unterscheide zwischen Messung und Prognose verantwortlich. Sie ebenfalls bei Prognosen in den anderen akustischen Umgebungen des Motors anzutreffen sind.

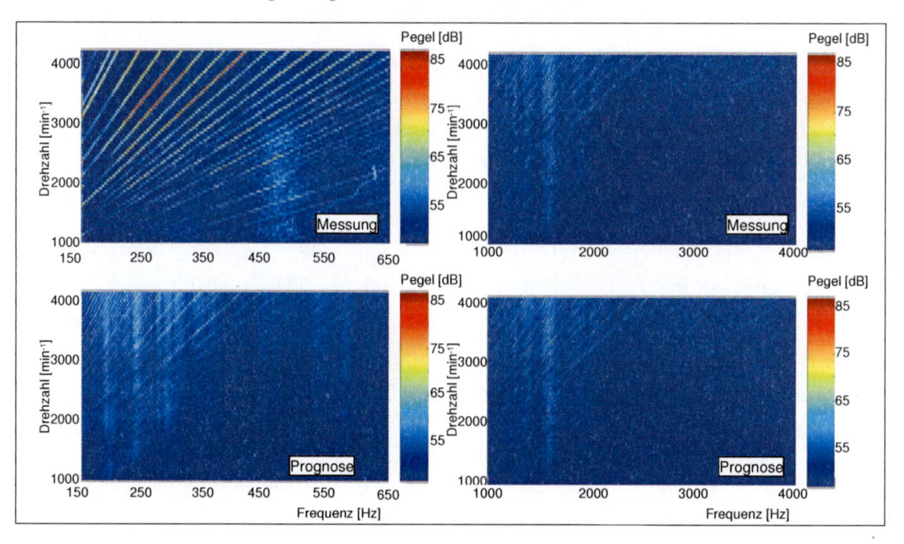

Abb.6.21: Vergleich der Campbell-Diagramme von gemessenem und prognostiziertem Schalldruck des Motors auf dem Geräuschprüfstand von 150 Hz - 650 Hz und 1 - 4 kHz

6.3.2 Ergebnisse der Prognose in der Teilkapsel

Wie bei den vorangegangenen Untersuchungen am Modellmotor, wird um den Verbrennungsmotor eine Teilkapsel aufgebaut. Diese besteht aus mehreren Holzplatten und umschließt den Motor von allen Seiten, ähnlich der Einbausituation im Motorraum. Die Empfangsmikrofone befinden sich an denselben Positionen wie bei den Messungen im Freifeld, in einem Meter Abstand links neben und rechts schräg vor der Kapsel. Die Öffnung der Ansauganlage befindet sich in der Kapsel. Die Abgasanlage wird durch eine Öffnung in der Wand nach außen geführt.

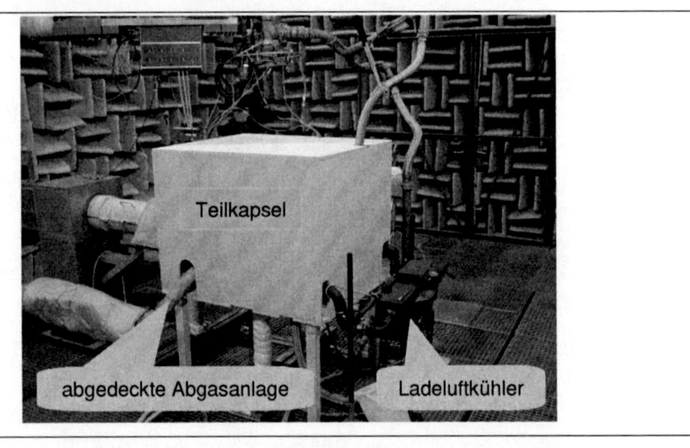

Abb. 6.22: Versuchsaufbau für die Vergleichsmessungen mit dem Motor in der Teilkapsel

Für die Vergleichsmessungen werden Drehzahlhochläufe mit einem konstanten Drehmoment gefahren und der Schalldruck an den beiden Mikrofonen außerhalb der Kapsel gemessen.

Die Übertragungsfunktionen werden reziprok zu den ebene Mikrofongittern und dem Einzelmikrofon vor der Ansaugöffnung ermittelt. Auf den Mikrofongittern sind, je nach Zugänglichkeit der einzelnen Motorseite, 12-18 Mikrofone angebracht. Es werden mehrere Übertragungsfunktionen zu jeder Motorseite bestimmt, um zu untersuchen, wie viele Mikrofone pro Motorseite berücksichtigt werden müssen, um die Ortsempfindlichkeit zu verringern, aber dennoch eine repräsentative Übertragungsfunktionen für jede Motorseite zu erhalten.

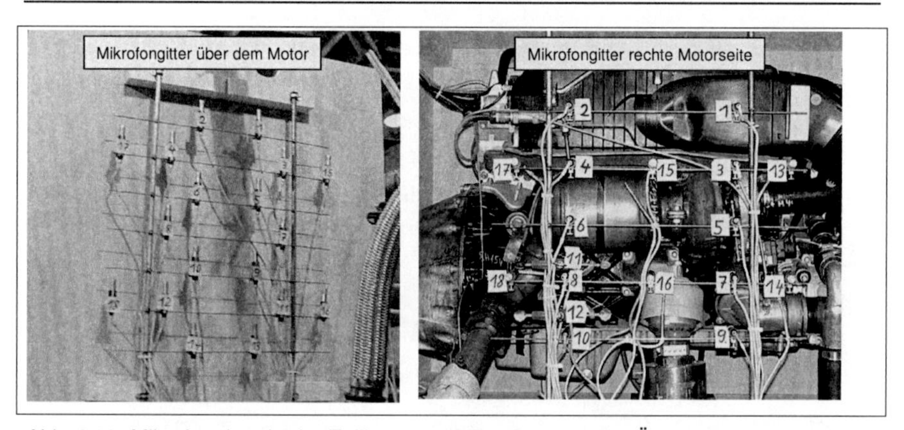

Abb. 6.23: Mikrofongitter in der Teilkapsel zur Bestimmung der Übertragungsfunktionen

In Abbildung 6.24 sind mehrere Übertragungsfunktionen für den Frequenzbereich von 150 Hz bis 1000 Hz, vom Prognosemikrofon 2 zur rechten Motorseite, dargestellt. Bis 250 Hz haben die Amplituden und Phasen der betrachteten Übertragungsfunktionen vom Prognose- zu den Gittermikrofonen einen ähnlichen Verlauf. Bei höheren Frequenzen liegen die Überhöhungen und Einbrüche bei den gleichen Frequenzen, die Amplituden und Phasen unterscheiden sich untereinander deutlich. Wird für die Prognose des Teilbeitrags einer Seite nur eine einzelne Übertragungsfunktion pro Motorseite herangezogen, ist das Ergebnis von den lokalen Eigenschaften am Ort des verwendeten Mikrofons geprägt und spiegelt nicht die globalen Verhältnisse der zugeordneten Teilfläche wieder.

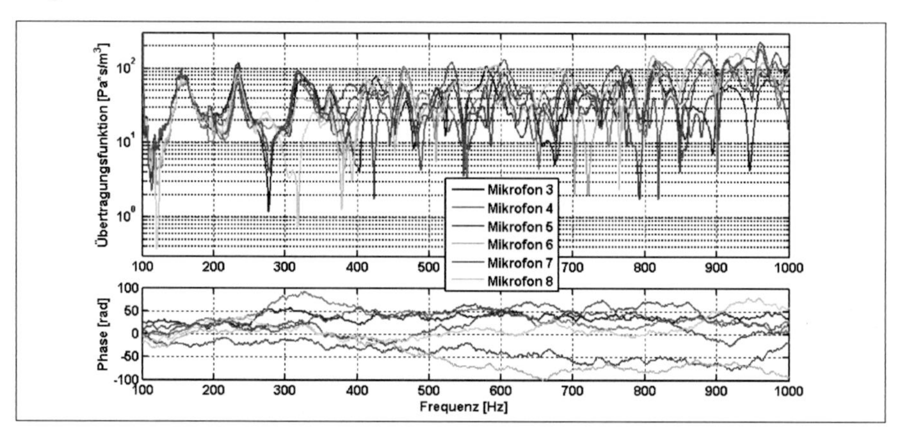

Abb. 6.24: Betrag und Phase der Übertragungsfunktionen vom Prognosemikrofon 2 zu Mikrofonen auf der rechten Motorseite

Um die Ortsabhängigkeit zu verringern, werden mehrere Übertragungsfunktionen einer Motorseite arithmetisch gemittelt. In Abbildung 6.25 sind verschiedene Mikrofongruppen an der rechten Motorseite dargestellt, aus denen gemittelte Übertragungsfunktion bestimmt werden. Die verschiedenen Übertragungsfunktionen, die sich aus den in Abbildung 6.25 dargestellten Mikrofongruppen ergeben, zeigt Abbildung 6.26.

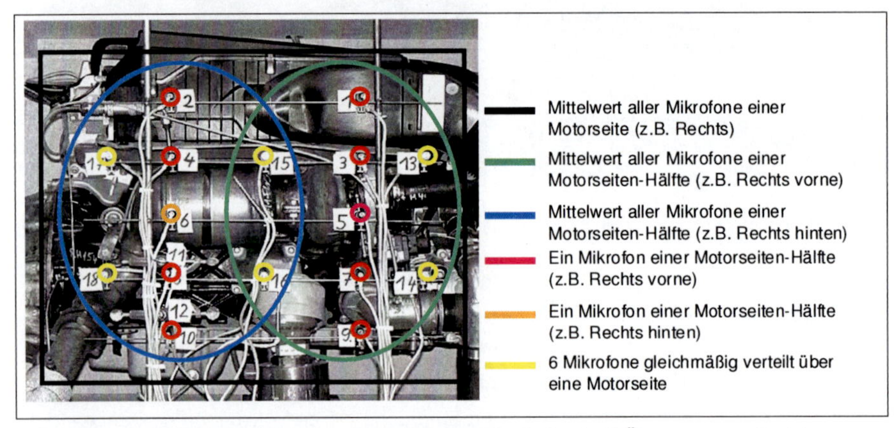

Abb. 6.25: Mikrofonpositionen zur Bestimmung der Luftschall-Übertragungsfunktionen zwischen motornahen Mikrofonen und Prognosemikrofonen

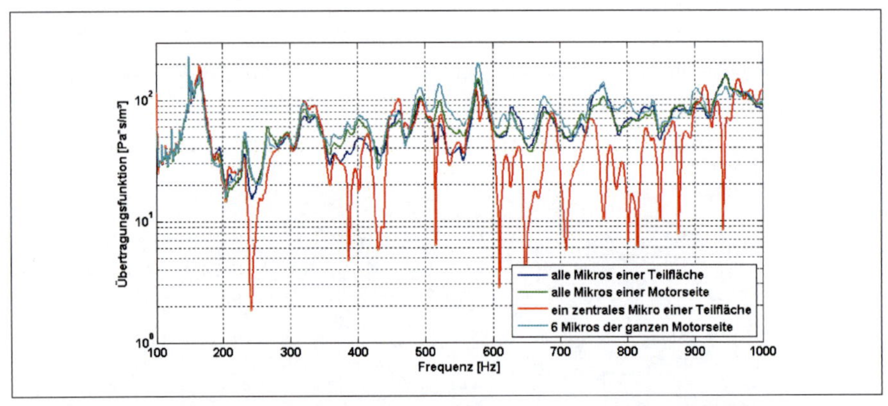

Abb. 6.26: Übertragungsfunktion vom Prognosemikrofon zur rechte Teilfläche am Motor in Abhängigkeit der verwendeten Mikrofone

Der Vergleich der, durch unterschiedliche Auswahlen erhaltenen Übertragungsfunktionen zeigt, dass sich unabhängig von der für die Mittelung ausgewählten Gruppe, immer eine ähnliche Übertragungsfunktion ergibt. Die Übertragungsfunktion bei Verwendung eines Einzelmikrofons ist, wie es auch bei den

Untersuchungen des Modellmotors in der Teilkapsel aufgetreten ist, von vielen schmalbandigen Einbrüchen und Überhöhungen durchsetzt, die durch die örtliche Mittelung verloren gehen. Im Motorraum ist es aus Platzgründen nicht möglich, die Mikrofone zur Messung der Übertragungsfunktion an die gleiche Stelle vor dem Motor wie am Geräuschprüfstand zu platzieren. Eine Übertragungsfunktion, die aus der Mittelung von sechs Übertragungsfunktionen zwischen einem Prognosemikrofon und den über eine Motorseite verteilten Mikrofonen (siehe Abb. 6.25) gebildet wird, bildet den charakteristischen Verlauf der Funktion zufrieden stellend ab.

Die Übertragungsfunktionen für die nachfolgenden Prognosen in der Teilkapsel werden aus der gleichen Anzahl, über die Teilfläche verteilter Mikrofone, ermittelt. Das Ergebnis der Prognose mit den in Abbildung 6.26 dargestellten Übertragungsfunktionen ist in Abbildung 6.27 dargestellt. Wie bei der Prognose im Freifeld bereits diskutiert, sind im Folgenden die Pegel aller Prognose um 2 dB abgesenkt. Die Pegel der Prognosen ermittelt mit den unterschiedlichen Übertragungsfunktionen liegen alle nah beieinander. Die Unterschiede betragen ca. 1dB. Die Prognose, basierend auf je einer Übertragungsfunktion pro Teilfläche, weicht im Drehzahlbereich zwischen 2000 und 2600 min^{-1} von den anderen Prognose ab. Der Pegelverlauf der Messung wird von allen Prognosen bis auf einen Ausreißer zwischen 1800 und 1900 min^{-1}wiedergegeben.

Die Campbell-Diagramme des gemessenen und prognostizierten Schalldruckpegels, mit den verschiedenen ermittelten Übertragungsfunktionen, sind in Abbildung 6.28 für den Frequenzbereich von 100 bis 650 Hz, und in Abbildung 6.29 für den Bereich von 1000 bis 4000 Hz dargestellt. Werden alle vor den Motorseiten vorhandenen Mikrofone für die Ermittlung der Übertragungsfunktionen eingesetzt, werden die Resonanzbänder deutlich hervorgehoben. Auch bei der Verwendung von nur jeweils einer Übertragungsfunktion pro Motorseite, ist der gleiche Effekt zu beobachten. Die Verwendung von sechs Mikrofonen für die Ermittlung einer Übertragungsfunktion pro Motorseite, sorgt im betrachteten Fall dafür, dass die Pegel in den Resonanzbereiche eher denen der Messung entsprechen. Nach der Korrektur der Pegel sind die Verläufe der Motorordnungen zufrieden stellend wiedergegeben. Die Verwendung von Übertragungsfunktionen, die aus den Signalen von sechs Mikrofonen pro Motorseite ermittelt werden, wobei sich keines auf der Position des Mikrofons bei der Schallflussermittlung befindet, zeigt für den vorliegenden Fall die besten Ergebnisse.

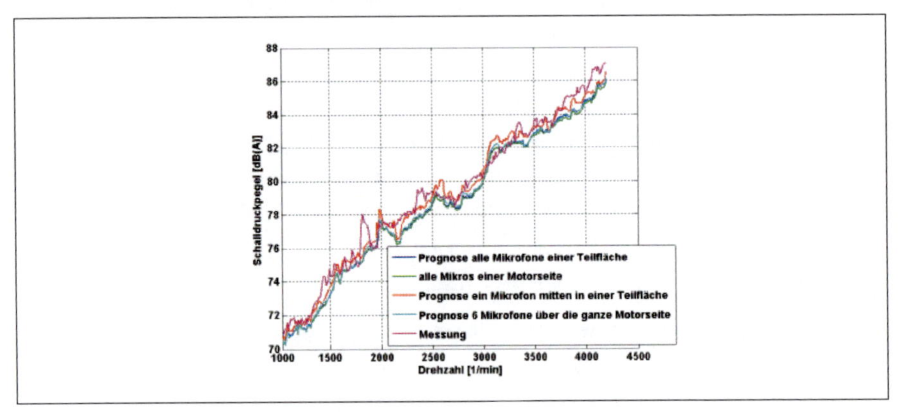

Abb. 6.27: Vergleich Messung und korrigierte Prognose bei unterschiedlichen Übertragungsfunktionen

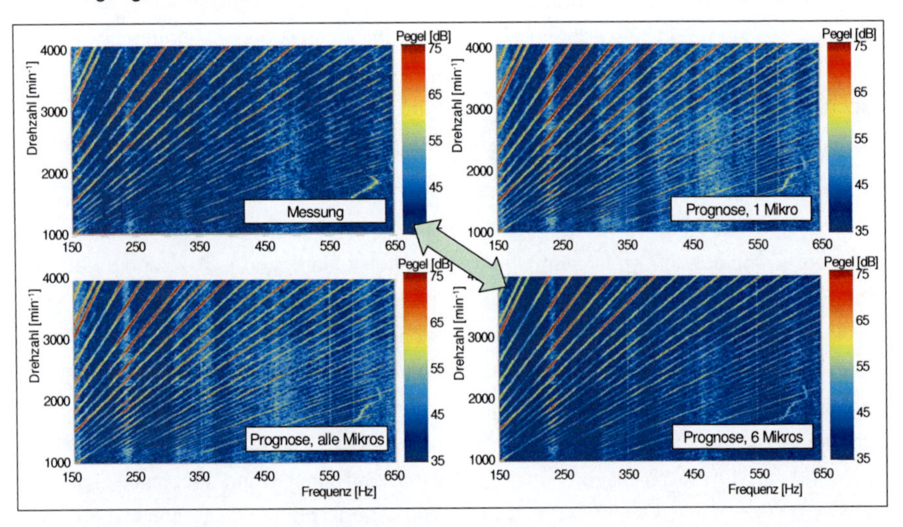

Abb. 6.28: Campbell-Diagramme des Schalldruckpegels von Messung und Prognose mit unterschiedlichen Übertragungsfunktionen, 150-650 Hz

Bei der Prognose des Schalldrucks im höheren Frequenzbereich sind die Unterschiede der einzelnen Varianten nicht so deutlich. Alle verwendeten Übertragungsfunktionen führen zu einem höheren Grundpegel als er in der Messung auftritt. Wie schon bei der Prognose im Freifeld (siehe Kap. 6.3.1) gezeigt, werden die nicht ordnungsbezogenen Geräuschanteile im Frequenzbereich zwischen 1000 und 4000 Hz überschätzt.

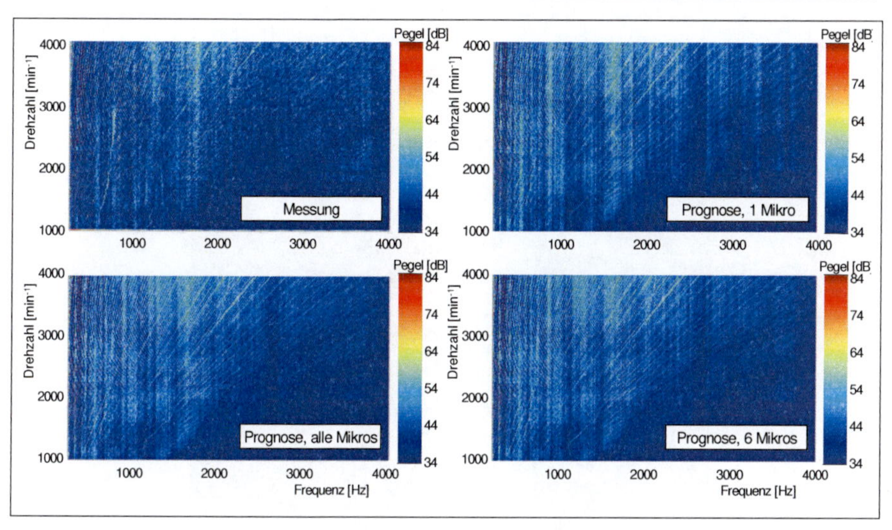

Abb. 6.29 Campbell-Diagramme des Schalldruckpegels von Messung und Prognose mit unterschiedlichen Übertragungsfunktionen, 150-4000 Hz

6.3.3 Ergebnisse der Prognose im Fahrzeug

Das Vorgehen bei der Prognose des motorischen Luftschallanteils im Fahrzeug ist ähnlich dem bei der Luftschallprognose für den Motor in der Teilkapsel (Kap. 6.3.1). Die Luftschall-Übertragungsfunktionen vom Motorraum mit Motor in den Innenraum eines PKW, werden in einem reflektionsarmen Prüfstand mit schallhartem Boden gemessen. Eine Kunstkopfquelle (siehe Kap. 2.3) auf dem Beifahrersitz wird als Quelle zur Messung der Übertragungsfunktionen zwischen dem Kunstkopf und den Mikrofonen im Motorraum, eingesetzt. Um die Kunstkopfquelle als Empfänger für die Betriebsmessungen auf dem Rollenprüfstand zu verwenden, werden in die Schallmündungen des linken und rechten Ohrs Mikrofone eingesetzt. An jeder Seite des Motors werden, wie in Kapitel 6.3.2, 12-18 Mikrofone platziert. Der Aufbau ist in Abbildung 6.30 dargestellt.

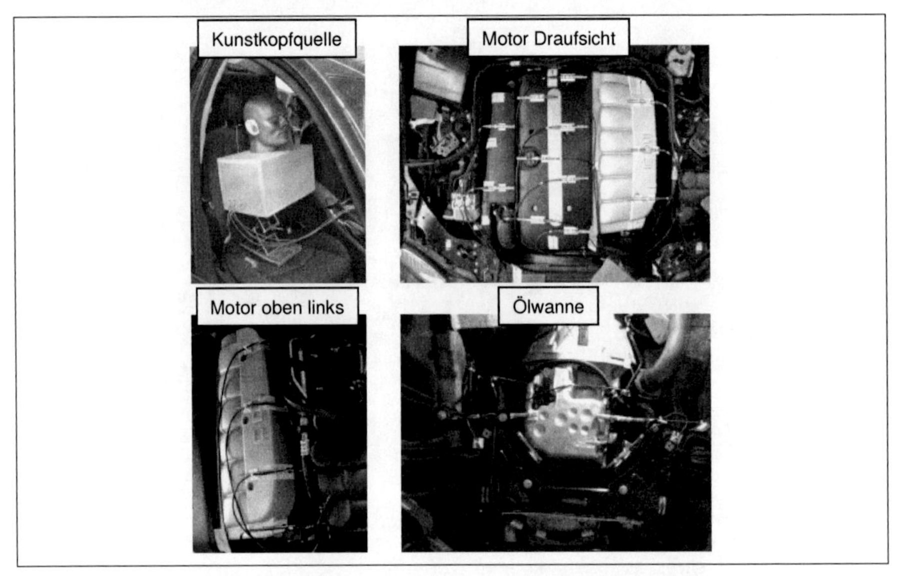

Abb. 6.30: Kunstkopfquelle auf dem Beifahrersitz und Mikrofone um den Verbrennungsmotor im Motorraum

Bei den in Abbildung 6.31 dargestellten Luftschall-Übertragungsfunktionen, zeigen sich die aus Kapitel 6.3.2 bereits bekannten Einbrüche und Überhöhungen in Hohlräumen. Es wird, wie in Kapitel 6.3.2, eine mittlere Übertragungsfunktionen vom Prognosemikrofon zu den Mikrofonen vor den Motorseiten ermittelt. Die daraus resultierende Übertragungsfunktion wird dann als repräsentativ für die betrachtete Motorseite betrachtet. Im Gegensatz zu den Messungen mit der Teilkapsel, können im Fahrzeug die Mikrofone nicht mehr als ebene Gitter vor den Motorseiten platziert werden (siehe Abb. 6.30). In Abbildung 6.31 sind die Ergebnisse bei Mittelung unterschiedlicher Anzahlen von Übertragungsfunktionen dargestellt. Die arithmetische Mittelung von vier bis sechs Mikrofonen pro Motorseite liefert eine repräsentative Übertragungsfunktion einer Motorseite. Die Nachfolgend dargestellten Ergebnisse der Prognosen, sind alle mit Übertragungsfunktionen durchgeführt worden, die durch arithmetisches Mittel von vier Funktionen pro Motorseite ermittelt wurden.

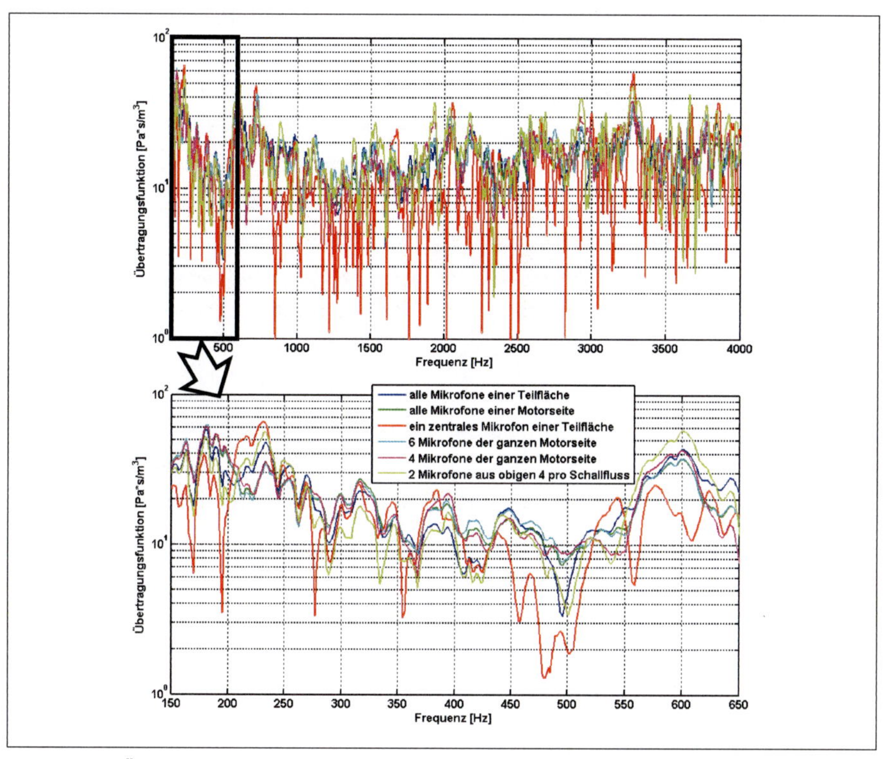

Abb. 6.31: Übertragungsfunktion vom rechten Beifahrerohr zur vorderen rechte Teilfläche am Motor, in Abhängigkeit der verwendeten Mikrofone

Die Auswirkungen von Veränderungen am Motor auf den Luftschallanteil des Motorgeräusches im Fahrzeuginnenraum werden mit dieser Methode prognostiziert. Ausgehend von Messungen des Schallfeldes um den Motor auf dem Aggregateprüfstand wird die Geräuschprognose durchgeführt und mit dem auf dem Rollenprüfstand gemessenen Innenraumgeräusch verglichen. Zur Darstellung der Luftschall-Variante werden Resonatoren aus den luftführenden Bauteilen der Ansauganlage entfernt sowie Veränderungen an Desingelementen des Motors vorgenommen. Die Veränderungen rufen im Drehzahlbereich zwischen 1500 min^{-1} und 3000 min^{-1} ein erhöhtes Strömungsrauschen hervor, das zwischen 1000 Hz und 4000 Hz liegt.

Für die Verifikation werden, wie bei den Messungen zur Schallflussermittlung, Drehzahlhochläufe durchgeführt. Im Fahrzeug ist derselbe Motor, wie bei den Messungen auf dem Prüfstand eingebaut.

Das gemessene Geräusch im Fahrzeuginnenraum bei den Messungen auf dem Rollenprüfstand setzt sich, neben dem motorischen Luftschallanteil auch aus Reifengeräuschen, dem abgestrahlten Körperschall durch Motor und Radanregung sowie andere Nebengeräusche zusammen. Da bei der Prognose nur der emittierte Luftschall des Motors berücksichtigt wird, ist der im Fahrzeuginnenraum prognostizierte Luftschallpegel niedriger als der gemessene Pegel. Ein Vergleich zwischen gemessenen und prognostizierten Pegel, für den Frequenzbereich von 1000 bis 4000 Hz am rechten Ohr des Kunstkopfes, wird in Abbildung 6.32 gezeigt. In diesem Frequenzband werden, durch die Modifikation am Motor, Veränderungen am emittierten Luftschall erwartet.

Der korrigierte Schalldruck Pegel ist ab 1500 min^{-1} niedriger als die Messung. Von den in der Messung deutlich zu identifizierenden zwei Pegelerhöhungen bei 1800 min^{-1} und 2750 min^{-1} tritt in der Prognose nur die zweite Erhöhung deutlich zutage. Während die Amplitudezunahme bei der zweiten Überhöhung gut abgebildet wird, ist die erste Überhöhung nur schwach auszumachen.

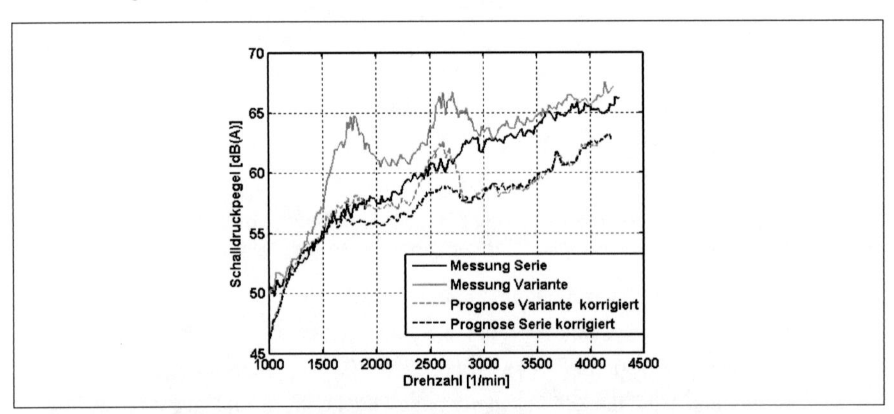

Abb. 6.32 Vergleich der gemessenen und korrigierten prognostizierten Schalldruckpegel am Prognoseort Beifahrersitz, rechtes Ohr Frequenzband (1kHz-4kHz)

Ein Grund für die Unterschiede zwischen Messung und Prognose, sind die Veränderungen in der Peripherie des Motors auf dem Motorprüfstand, im Vergleich mit dem Aufbau im Fahrzeug. Der Motor mit seiner Peripherie ist in Abbildung 6.33 dargestellt. Soweit dies möglich ist, werden auf dem Prüfstand und im Auto die gleichen Anbauteile verwendet. Aufgrund des fehlenden Luftstroms wird der Ladeluftkühler des Motors auf Wasserkühlung umgebaut und vor dem Motor montiert. Zusätzlich wird er noch mit absorbierenden Materialien beklebt. Die Position des Kühlers auf dem

Prüfstand macht die Verwendung anderer Ladeluftschläuche als im Fahrzeug notwendig. Da das auftretende Strömungsrauschen von den Ladeluftschläuchen und dem Kühler abgestrahlt wird, sorgen die Veränderungen für einen deutlichen Unterschied zwischen der Prognose der Luftschallvariante und der Messung.

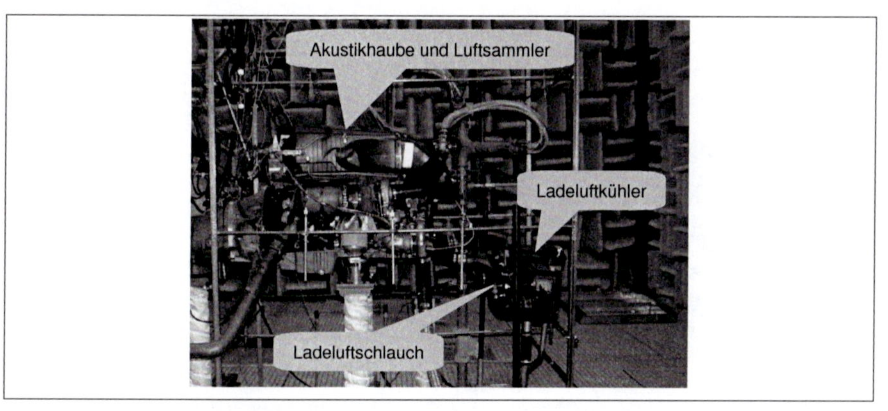

Abb. 6.33: Motor auf dem Geräuschprüfstand

In Abbildung 6.34 und 6.35 sind die Campbell-Diagramme von gemessenem und prognostiziertem Schalldruck im Innenraum, für die beiden Motorvarianten, dargestellt. Die auftretenden Veränderungen im Luftschall sind in der Messung deutlich sichtbar.

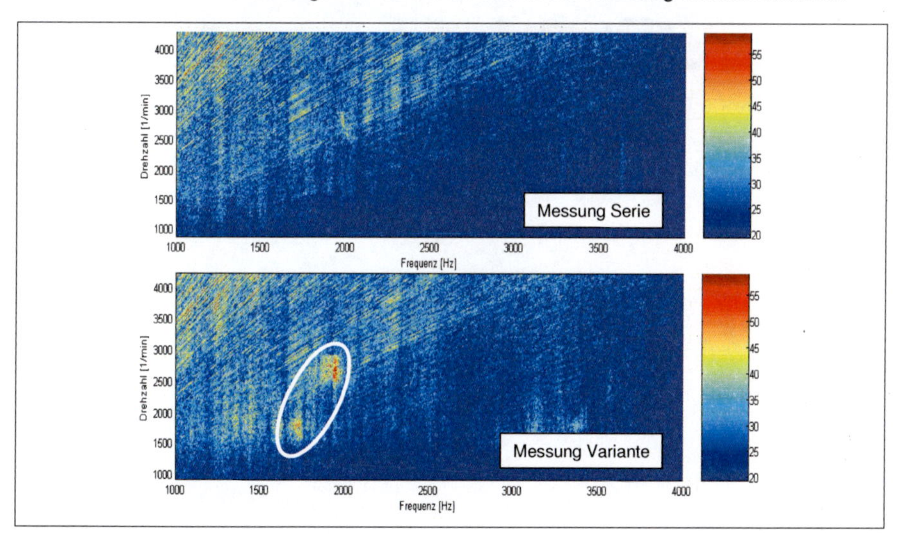

Abb. 6.34: Campbell-Diagramm des gemessenen Schalldrucks am rechten Beifahrerohr im Innenraum, bei beiden Motorvarianten

Die Prognose des Luftschallpegels zeigt ebenfalls eine Veränderung im Pegel (siehe Abb. 6.32), allerdings ist nur die höherfrequente Störung als deutliche Veränderung zu erkennen. Entgegen der Messung ist das Heulen des Turboladers in beiden Prognosen zu sehen. Es ist auch bei der Abschätzung des Schallflusses deutlich zu sehen ist (vgl. Abb. 5.4), tritt auch in der Prognose stärker als in der Messung auf. Das Hervortreten der Resonanzbänder bei 1100 Hz, 1300 Hz, 1500 Hz und 3200 Hz, bei der Luftschallvariante, ist ebenfalls in der Prognose zu erkennen.

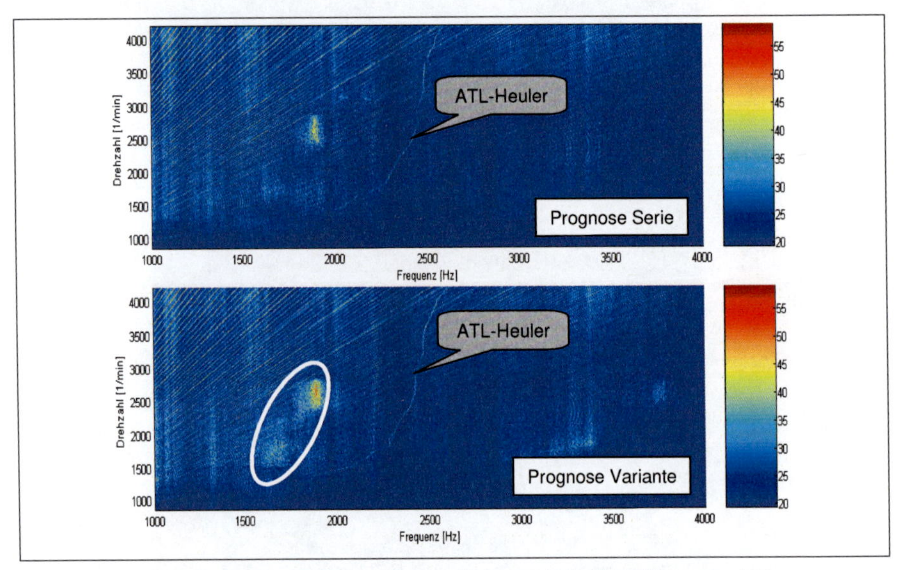

Abb. 6.35: Campbell-Diagramm des prognostizierten Schalldrucks am rechten Beifahrerohr im Innenraum, bei beiden Motorvarianten im Innenraum

7 Zusammenfassung

Die vorliegende Arbeit befasst sich mit der Prognose des, von Motoren emittierten Luftschalls. Zielsetzung der Arbeit ist es, ausgehend von Schalldruckmessungen um Motoren, in einem reflektionsarmen Raum, das Schallfeld um einen Motor zu beschreiben, damit eine Geräuschprognose durchgeführt werden kann. Besonderer Wert wird dabei auf eine vereinfachte Quellenbeschreibung als Punktschallquellen, und ihre Verknüpfung mit gemessenen Übertragungsfunktionen gelegt. Weiterhin wird die Ermittlung von möglichst ortsunabhängigen Übertragungsfunktionen. in unterschiedlichen akustischen Umgebungen, untersucht.

Die Prognose des emittierten Luftschalls mit Hilfe der Inverse-Boundary-Element-Methode (I-BEM) erfolgt in drei Schritten. Der Schalldruck im Nahfeld des Motors wird gemessen. Die Übertragungsfunktionen zwischen der Motoroberfläche und den Messmikrofonen wird berechnet. Mit Hilfe der I-BEM wird die Oberflächenschnelle berechnet. Mit diesen Schnellen wird eine Abstrahlungsrechnung durchgeführt. Im Rahmen der Arbeit wird gezeigt, dass die Quellen an einem Modell- und einem Verbrennungsmotoren, mit Hilfe der I-BEM, lokalisiert werden können. Die Öffnungen der Schallquellen im Modellmotor decken sich mit den Orten der berechneten höchsten Oberflächenschnelle. Für den Modellmotor mit ortsfesten Quellen und für den Verbrennungsmotor bei konstanter Motordrehzahl werden, die Schalldrücke in der Umgebung der abstrahlenden Objekte, im Frequenzbereich zwischen 200 Hz und 1600 Hz, mit guter Übereinstimmung zu den gemessenen Schalldrücken prognostiziert. Die Kontur des abstrahlenden Objektes im Berechnungsmodell muss nicht exakt mit der Kontur des realen Strahlers übereinstimmen.

In einem zweiten Schritt wird die Prognose des emittierten Luftschall in der Umgebung des Modellmotors durch mehrere Monopolstrahler, den sog. äquivalenten Quellen, untersucht. Es wird gezeigt, dass für den Modellmotor, sowohl die Quellpositionen, als auch das prognostizierte Schallfeld mit guter Übereinstimmung ermittelt werden. Dagegen zeigt sich am Verbrennungsmotor, dass die Positionen der äquivalenten Quellen auf der Oberfläche je nach Frequenz, auch bei konstanter Last und Motordrehzahl stark variieren. Dies führt bei der Prognose mit ortsfesten äquivalenten Quellen, zu deutlichen Unterschieden zwischen Messung und Rechnung.

In weiterführenden Untersuchungen werden die Ergebnisse der Inversen-Boundary-Element-Methode und der akustischen Holographie im Nahfeld verglichen. Es zeigt sich, dass es mit I-BEM möglich ist, Quellen an Motor zu lokalisieren, die bei Anwendung der NAH nicht zu lokalisieren sind.

In der vorliegenden Arbeit wird weiterhin ein Verfahren vorgestellt, bei dem aus Schalldruckmessungen um den Motor, die Quellstärke des Motors abgeschätzt wird. Dazu wird die Quellstärke des Motors aus der Messung des Schalldrucks, mit jeweils zwei Mikrofonen pro Motorseite und einem Mikrofon an der Ansaugmündung, abgeschätzt. Zusätzlich werden die Übertragungsfunktionen von der Motoroberfläche zu einem Prognosemikrofon gemessen. Es wird gezeigt, dass der Schallfluss der einzelnen Motorseiten unabhängig vom Abstand der Messmikrofone zur Motoroberfläche bestimmt werden kann. Weiterhin wird gezeigt, dass die inhomogene Schalldruckverteilung in den Messebenen zu einer Überschätzung der Quellstärke führt.

In einer weiteren Untersuchung wird aufgezeigt, dass die direkte Bestimmung von Luftschall-Übertragungsfunktionen, bei verschiedenen akustischen Umgebungen (Freifeld, Teilkapsel und Pkw-Motorraum), vollständig durch die reziproke Messung ersetzt werden kann. Anhand der Untersuchungen am Modellmotor wird demonstriert, dass die energetische Superposition einzelner Beiträge der Schallquellen, bei Anregung mit inkohärenten Signalen und Motorgeräusch, gute Ergebnisse liefert. Darüber hinaus wird mit dem Modellmotor in einer Teilkapsel gezeigt, dass eine Temperaturänderung in unmittelbarer Umgebung der Quellen von 20 °C auf 50 °C, den Verlauf der Luftschall-Übertragungsfunktionen nicht signifikant beeinflussen.

Bei den Untersuchungen an einen Dieselmotor in einer Teilkapsel und in einem Fahrzeug wird gezeigt, dass durch Mittelung mehrerer Übertragungsfunktionen zu einer Motorseite ortsunempfindliche Übertragungsfunktionen ermittelt werden können. Die arithmetischen Mittelwerte von sechs Übertragungsfunktionen zu einer Motorseite führt, für den Motor in der Teilkapsel, bei der untersuchten Konfiguration zu repräsentativen Übertragungsfunktion einer Motorseite. Die Verknüpfung mit der Quellenbeschreibung ermöglicht die Prognose des emittierten Luftschalls. Für die Prognose des Schalldrucks im Fahrzeug werden vier Übertragungsfunktionen von der Motorseite in den Fahrzeuginnenraum gemittelt. Anhand einer Modifikation am Motor, die den emittierten Luftschall beeinflusst, wird die Tauglichkeit der Methode zur Beurteilung der Auswirkungen von Veränderungen am Motor im Fahrzeug aufgezeigt, ohne den Motor in das Fahrzeug einzubauen.

8 Literatur

[ACE03] Final Report: "ACES- Optimal Acoustic Equivalent Source Descriptors for Automotive Noise Modelling", EC contract no. G3RD-CT 2000-0095, 2003

[ACT04] *ACTRAN 2004 User's Manual, Free Field Technologies, 2004*

[AUG00] *Augusztinovicz, F., Tournour, M.*: "Reconstruction of source strength distribution by inversing the boundary element method", Boundary Elements in Acoustics, Advances & Applications, 243-284, 2000

[BAR03] *Barsikow, B., Hellmig, M.*: "Schallquellenlokalisierung bei Vorbeifahrten von Kraftfahrzeugen mittels eines zweidimensionalen Mikrofon-Arrays", DAGA 2003, 2003

[BAT03] *Batel, M., Marroquin, M., Hald, J., Christensen, J.J., Schumacher, A.P., Nielsen, T.G.*: "Noise Source Location Techniques-Simple to advanced application", Sound and Vibration 3/2003 24-38, 2003

[BAU97] *Baumhauer, J.*: "Weiterentwicklung eines Verfahrens zur Schallquellen-ortung an Verbrennungsmotoren", Dissertation, Schriftenreihe des Instituts für Verbrennungsmotoren und Kraftfahrwesen der Universität Stuttgart, Expert Verlag, 1997

[BEN80] *Bendat, J.S., Piersol, A.G.*: "Engineering Applications of Correlation and Spectral Analysis", John Wiley & Sons, New York, 1980,

[BOH87] *Bohineust, X., Henrio, J.C., Wagstaff, P.R.*: "Referential Techniques Applied to Acoustic Intensity Measurements and the Identification of Sources", Proceedings of the 2nd International Seminar on Noise Source Identification and Numerical Methods inAcoustics, I2-1, Leuven, Belgien, Katholieke Universiteit Leuven, 1987

[BOH96] *Bohineust, X., Bardot, A., Dupuy, F.*: "Vehicle Noise Design Modifications Analysis Using Truncated Transfer Path Techniques", Proceedings ISMA 21, 1979-89, 1996

[BRA01] *Brandstein, M., Ward, D.*: "Microphone Arrays", Springer Verlag, 2001

[BRI85] *Brigham, E.O.*: "FFT-schnelle Fourier Trasformation", Oldenbourg, 1985

[BRU03-I] Product Data PULSE Advanced Intensity Analysis, Type 7759, 2003

[BRU03-II] Final Technical Report Optimal Acoustic Equivalent Source Descriptors for Automotive Noise Modelling Bruel&Kjaer SVM A/S, 2003

[CHR04] *Christensen, J.J., Hald, J.*: "Beamforming", Bruel&Kjaer Technical Review No. 1, 2004

[CHU80] *Chung, J.Y., Blaser, D.A.*: "Transfer function method of measuring in-duct acoustic properties", General Motors Research Laboratories, Warren Michigan, 1980

[DIT03] *Dittmar, A., Priesnitz, K.*: "Berechnung der Schallabstrahlung ausgewählter Motorkomponenten unter Verwendung gemessener Anregungssignale", Motor und Aggregateakustik, Expert Verlag, 2003

[ENG82] *Engler, G., Kazula, U.*: "Zur primären Geräuschminderung bei Verbrennungsmotoren", KFT22, 1982

[FAH90] *Fahy, F.J.*: "The Reciprocity Principle And Applications In Vibro-Acoustics", Proceedings of the Institute of Acousticss, 12 part 1 (1990), 1-20, 1990

[FLO88] *Flotho, A., Spessert, B.*: "Geräuschminderung an direkteinspritzenden Dieselmotoren; Teil 1", Automobil-Industrie, 3/88, 1988

[FRE84] *Freitag, H.*: "Einführung in die Zweitortheorie", Teubner, Stuttgart, 1984

[GEN99] *Genuit, K., Poggenburg, J.*: "Design of Vehicle Interior Noise Using Binaural Transfer Path Analysis", SAE Technical Papers, No.1999-01-1808, Warendale, Pa., 1999

[GIN95] *Ginn, K.B., Hald, J.*: "Engine Noise: Sound Source Location Using the STSF Technique", SAE NVH Conference, 1995

[GLA01] *Glandier, C.Y.*: "Etude numérique et experimentale du comportement vibroacoustique d'une cavité paralleélépipédique jusqu'en moyennes fréquences, avec prise en comte d'un traitement absorbant. Considerations en vue du contrôle actif du bruit", Disertation Universite de Technologie de Compiegne, Compiegne 2001

[HAL00] *Hald, J.*: "Non-Stationary STSF", Bruel&Kjaer Technical Review, 2000

[HAL89] *Hald, J.*: "STSF- a unique technique for scan based Near-field-Acoustic Holography without restrictions on coherence", Bruel&Kjaer Technical Review No. 1, 1989

[HAM00] Hamdi, M.A. ,Defosse, H., Damages, F., Beauvilain, T., Varet, P.: "Use of reciprocity Principle in a Hybrid Modelling Technique(HMT) based Inverse Boundary Element Method(IBEM) for the determination of the optimal spectral characteristics of a complex radiating noise source", Internoise 2000, Nizza, 2000

[HAN97] *Hansen, P.C.*: "Rank-deficient and Discrete Ill-Posed Problems", SIAM, Philadelphia, 1997

[HAV03] *Havelock, D.*: "Sensor array beamforming using random channel sampling: The aggregate beamformer", Journal of the Acoustical Society of America (2003), 114(4), 1997-2006, 2003

[HEC95] *Heckl, M. ,Müller, H.A.*: "Taschenbuch der Akustik", 2. Auflage korrigierter Nachdruck, Springer Verlag, Berlin, 1995

[HEL91] *Heling, G.*: "Schallabstrahlungsberechnung und Schallquellenortung bei Verbrennungsmotoren", Dissertation, Institut für Verbrennungs-kraftmaschien der Universität Stuttgart (IVK), 1991

[HEL94] *Helber, R.*: "Reziprokmesungen der Luftschallempfindlichkeit", Technischer Bericht Daimler-Benz, Berichtsnummer: 94-0107, 1994

[HEL97] *Helber, R.*: "Zur Schallabstrahlung eines Motors", Technischer Bericht Daimler-Benz, Berichtsnummer: F1M-97-0016, 1997

[HEL98] *Helber, R.*: "Führt das Reziprozitätstheorem ein Lehrbuch-Dasein?", In: Fachtagung "Fahrzeugakustik (Psychoakustik)", Haus der Technik Essen, 1998

[HOL03] *Holland, K.R., Nelson, P.A.*: "Sound Source Characterisation: The Focussed Beamformer VS The Inverse Method", Tenth international congress on sound and vibration, Stockholm Schweden, 2003

[HÜB89] *Hübner, G.*: "Aktive Lärmminderung, Schallquellenortung- Eine Betrachtung über Quellen und Senken am Beispiel eines Doppelmonopols", Fortschritte der Akustik, DAGA'89, 655-658, 1989

[HÜB91] *Hübner, G.*: "Eine Betrachtung zur Physik der Schallabstrahlung", Acoustica, Vol.75 (1991), 130-144, 1991

[JOH93] *Johnson, D.G., Dungeon, D.E.*: "Array Signal Processing: Concepts and Techniques", Prentice Hall, New Jersey, 1993

[KEL03] *Kellert, T., Strauch, O., Sottek, R.*: "Das Schallfeld in einem Kfz-Motorraum, Vergleich zwischen Simulation und Messung an einem vereinfachten 1:2-Modell", DAGA, 2003

[KIR88] *Kirsch, A., Kreß, R., Monk, P., Zinn, A.*: "Two Methods for Solving the Inverse Acoustic Scattering Problem", NAM-Bericht, Nr.56, 1988

[KIR98] *Kirkup, S.M.*: "The Boundary Element Method in Acoustics", Integrated Sound Software, 1998

[KLE03] *Klemez, M., Sellerbeck, R., Kellert, T., Sottek, R.*: "Anwendung des binauralen Schallsenders zur Reziproken Transferpfadanalyse im Fahrzeug", DAGA 2003, 2003

[KOL93] *Kollmann, F.G.*: "Maschinenakustik", Springer Verlag Berlin Heidelberg 1993

[MAR01] *Marroquin, M.*: "New Innovation in Sound Intensity: Selective Intensity", SAE NVH Conference 2001 Conference Proceedings, 2001-01-1485, 2001

[MAR03] *Martarelli, M., Revel, G.M., Tomasini, E.P., Mørkholt, J., Omrani, A., Hamdi, M.A.*: "Validation of the IBEM technique: comparison of experimental and numerical results in reference cases", Euronoise 2003, paper ID: 065, Neapel, 2003

[MEI01] *Meier, H.E., Gartmeier, O.*: "Gestaltung des Akustik- und Schwingungskomforts im Ablauf des Fahrzeug Entwicklungsprozesses", 10. Aachener Kolloquium Fahrzeug und Motorentechnik, 2001

[MOO02] *Moorhouse, A.T.*: "Prediction of the Sound of an Assembled Machine Driven by an Internal Electric Motor", En:able WORKSHOHP IN APPLIED ACOUSTICS RESEARCH:VIRTUAL PROTOTYPES, 2002

[MOR86] *Morrison, D*: "The Practical Development of a Heavy Duty Truck Engine for Low Noise", SAE NVH Conference 1986 Conference Proceedings, 861285, 31-37, 1986

[MUN87] *Munjal, M.L.*: "Acoustics of Ducts and Mufflers", Jon Wiley & Sons, New York, 1987

[OUI98] *Ouisse, X., Dupuy, F., Bohineust, X.*: "Passenger Compartment Noise Behaviour Using Hybrid Calculation Method ", FISITA XXVII Paris, 1998

[QUI02] *Quickert, M., Andres, O.*: "Moderne Verfahren zur Ortung und Analyse von Schallquellen am Beispiel schwerer Nutzfahrzeugdieselmotoren", Expert-Verlag,

[RAS96] *Rasmussen, P., Gade, S.*: "Tyre Noise Measurement ona MovingVehicle", Application Note Bruel&Kjaer (BO0452), 1996

[RIN03] *Rinne, H.*: "Taschenbuch der Statistik", Verlag Harri Deutsch, Frankfurt am Main, 2003

[SAE05] *Saemann, E.U., Schmidt, H.*: "Methoden der Schallquellenlokalisierung mit Mikrofonarrays", Expert-Verlag,

[OTT88] *Otte, D., Sas, P., Van de Fonseele, P.*: "Principal Component Analysis for noise source identification", Proc. of the 6th Int. Modal Analysis Conference (IMAC), 1988

[SCH96] *Schirmer, W.*: "Technischer Lärmschutz", VDI-Verlag Düsseldorf, 1996

[SCH03-I] *Schuhmacher, A., Mørkholt, J., Vogt, T.S.*: "Use of inverse BEM for acoustic source modeling", (N472), Internoise 2003 Korea, 2003

[SCH03-II] *Schuhmacher, A., Hald, J., Rasmussen, K.B., Hansen, P.C.*: "Sound Source reconstruction using inverse boundary element calculations", J. Acoustical Society of Amerika, 113(1), 114-127, 2003

[SEL03] *Sellerbeck, P., Klemenz, M., Sottek, R.*: "Ein binauraler Schallsender zur reziproken Transferpfadanalyse", DAGA 2003, 2003

[SEY98] *Seybert, A.F., Hamiltion, D.A., Hayes, P.A.*: "Prediction of radiated noise from machine components using the BEM and the Rayleigh integral", Noise Control Engineering Journal, (1998/3), 77-82, 1998

[SUR01] *Sureshkumat, S., Raveendra, S.T.*: "An Analysis of Regularization Errorsin Generalized Nearfield Acoustical Holography', SAE NVH Conference 2001 Conference Proceedings, 2001-01-1616, 2001

[TAY] *Taylor, N., Rasmussen, P.*: "Exterior Noise Measurements on a Rover 220 Gsi", Bruel&Kjaer Application Note, (BO0430)

[VOG03] *Vogt, T.S., Glandier, C.Y., Morkholt, J., Omrani, A., Hamdi, A.*: "Engine Source Identification using an I-BEM technique", Euronoise Naples 2003, paper ID:382, 2003

[WIL01] *Williams*, E.G.: "Regularisation methods for near-field acoustical holography", Journal of the Acoustical Society of America (2001) 110(4), 1976-1988, 2001

[WIL99] *Williams, E.G.*: "Fourier Acoustics, Sound radiation and Nearfield Acoustic Holographiy", Academic Press London, 1999

[WU04] *Wu, S.F.*: "Hybrid near-field acoustic holography", Journal of the Acoustical Society of America (2004), 115(1), 207-217, 2004

[ZEI03] *Zeibig, A., Richter, D., Witting, A.*: "Mikorfonarraymessungen für aeroakustische Untersuchungen", DAGA 2003, 2003

[ZHE94] *Zheng, J., Fahy F.J, Anderton, D.*: "Application of a Vibro-Acoustic Reciprocity Technique to the Prediction of Sound Radiated by a Motored IC Engine", Applied Acoustics 42 (1994), 333-346, 1994

Lebenslauf

Persönliche Daten:

Name:	Ted-Steffen Vogt
Geburtsdatum:	23.05.1971
Geburtsort:	Hanau
Staatsangehörigkeit:	deutsch
Familienstand:	verheiratet

Ausbildung:

1978-1984	Grundschule und Förderstufe (Bruder Grimm-Schule) in Hanau
1984-1988	Realschule (Eberhardschule) in Hanau
1988-1991	Berufliches Gymnasium (Ludwig Geissler Schule) in Hanau
1999	Diplomarbeit in der Forschung der DaimlerChrysler AG, Stuttgart, Abteilung Fahrzeugakustik

Berufstätigkeit:

2000-2003	Doktorand in der Forschung der DaimlerChrysler AG, Stuttgart, Abteilung Fahrzeugakustik
seit 2003	Wissenschaftlicher Mitarbeiter der Forschung der DaimlerChrysler AG, Stuttgart, Abteilung Fahrzeugakustik